不懂孩子内心的父母，
培养不出优秀的孩子

晓平 —————— 著

天津出版传媒集团

天津人民出版社

图书在版编目（CIP）数据

不懂孩子内心的父母，培养不出优秀的孩子 / 晓平
著. -- 天津：天津人民出版社，2021.8
ISBN 978-7-201-17502-7

Ⅰ.①不… Ⅱ.①晓… Ⅲ.①儿童心理学②儿童教育
—家庭教育 Ⅳ.①B844.1②G782

中国版本图书馆CIP数据核字(2021)第148260号

不懂孩子内心的父母，培养不出优秀的孩子
BUDONG HAIZI NEIXIN DE FUMU, PEIYANG BU CHU YOUXIU DE HAIZI

出　　版	天津人民出版社	
出 版 人	刘　庆	
地　　址	天津市和平区西康路35号康岳大厦	
邮政编码	300051	
邮购电话	（022）23332469	
电子信箱	reader@tjrmcbs.com	

责任编辑	佟　鑫	
装帧设计	末末美书	
版式设计	新视点	

印　　刷	天津中印联印务有限公司	
经　　销	新华书店	
开　　本	710毫米×1000毫米　1/16	
印　　张	14	
字　　数	170千字	
版次印次	2021年8月第1版　2021年8月第1次印刷	
定　　价	45.00元	

前　言

　　"望子成龙，望女成凤"是天下所有父母的殷切希望，但任何一个优秀的孩子都不是横空出世的奇迹，而是有迹可循的因果。它的因，在家庭；它的根，在父母。

　　如今越来越多的父母已经意识到家庭教育的重要性，开始将更多的时间与精力放在对子女的教育上。然而，在实际教育的过程中，我们却总是感觉力不从心，不仅难以让孩子感受到自己的爱和关心，反而总是出现孩子调皮、不听话、脾气暴躁、爱顶嘴、叛逆等问题。

　　更让人遗憾的是，此时不少父母并没有从实际出发，深刻反思自己，反而总是将问题的根源指向孩子，认为是孩子不听话、不懂事、缺乏上进心和责任感、不懂得体谅父母……在"恨铁不成钢"的心理趋势下，火气一上来就会对孩子大吼大叫，或者说一些难听的话，甚至会动手打孩子。

　　事实上，家庭教育之所以出现问题，除了有孩子的原因，更大的责任在于父母。比如，有的父母为了维护自身尊严和权威，总是对孩子实行命令主义；有的父母按照自己的想法安排孩子的生活，丝毫不顾及孩子的意愿；有的父母一看到孩子做错事情就大吼大叫，却不问问孩子为什么这样做……

　　不懂得换位思考、与孩子平等沟通、倾听孩子的心声，这种教育方式是贻害无穷的。因为，当你做出这一切时，你就已经关闭了与孩子交流的大门，仅凭"想当然"进行教育。这会让孩子的自我价值受到伤害，感觉自己是低劣的、无能的，这样他不但不会改掉缺点，反而会愈演愈烈，失败就会不可避免。

正如一句教育专家所说："懂孩子是教育孩子的开始，如果我们不懂孩子，那么我们给孩子实施的教育，于孩子而言就是一场灾难。"每一个做父母的，都应该好好想想：我们是否希望别人能明白自己内心的感受？能从我们的处境来体察我们的思想行为？其实，孩子同样也有这样的愿望。

这些年我接触过不少父母，发现那些优秀孩子的父母其实有很多共同特质：在教育孩子的过程中，他们不会从自身立场和经验出发，主观地评判孩子的行为，也不会以自身预设或假设的既定标准来要求孩子，而是对孩子进行细致的观察，了解他们的行为目的、情感愿望，设身处地地为孩子着想，像感受自己一样去感受孩子的内心世界，与孩子一块讨论、研究可能的结果。

每个孩子都是一个独立的个体，每个孩子都有自己的创造性，他们不仅需要父母的爱和陪伴，更需要父母的理解与支持。我们只有深入了解孩子的内心，准确把握孩子的心理，才能远离斥责、吼叫和打骂，有的放矢地引导和教育孩子，让孩子的内心阳光普照，让亲子教育变得温馨而愉快……

那么，如何走进孩子的世界呢？阅读此书，相信你一定会找到想要的答案。

♥ 目 录

第 1 章

只讲道理不顾及孩子感受的爱，注定失败！

当孩子身上出现问题时，父母想要用讲道理的方式，让孩子真正地认知到自己的不足。但事与愿违的是，我们的大道理都从孩子的左耳进，右耳出。为什么道理讲不通？这是因为没有顾及孩子的感受。而只讲道理不顾及孩子感受的爱，注定会失败。

为什么你的苦口婆心总不管用

在教育孩子上，很多父母都在进步，即不再打骂孩子。当孩子犯了错误会选择和孩子讲道理，用说的方式不辞劳烦地让孩子改正。然而，很多时候，苦口婆心的说教并不管用，孩子依然会重复地犯错。

为什么苦口婆心的说教对孩子总不管用呢？原因有这样几个：

首先是你的口吻太过仁慈，孩子意识不到错误性。所谓的苦口婆心，就是用慈爱的口吻反复恳切地去劝说。作为还不太懂人情世故的孩子，你的苦口婆心对他来说，就像是一片羽毛划过他的心头，不痛也不痒，令他根本认识不到自己的错误，认识不到自己犯下的错误的严重性，如此又谈何改正？

其次是你说教的次数太多，令孩子不厌其烦。作为父母的我们，总抱有说教一次孩子没有改正，那就多说教几次的想法，但在你进行再三劝告时，你要考虑到，孩子是否有耐心去聆听？

作为孩子，他们的耐心是有限的，他或许会听你说一两分钟，但不会听你说几十分钟。尤其是你说的时间越久，次数越多，反而会激起他们的逆反心

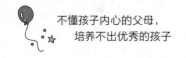
理，在将你的说教当作耳旁风的同时，还会故意去犯错。

　　还有更重要的一点，那就是你在苦口婆心的说教时，是否考虑过孩子的感受？因为，很多父母在说教时，目光只放在了孩子做错的事情上，没有更深层次地了解孩子内心的感受。你连孩子的内心都没有走进去，他又怎么会听你的说教？即使是如春风细雨般温和的苦口婆心式说教，他也会不为所动。

　　菲菲出生在一个高级知识分子的家庭里，因为父母的工作非常忙碌，她从小在爷爷奶奶的身边长大。在家人心中，菲菲虽然性格有些内向，但她却非常乖巧懂事。然而，就是这么一个乖巧懂事的孩子，却做了一件令人难以置信的事——偷拿了家里的钱。

　　菲菲的爷爷奶奶认为，偷拿钱是一件很严重的事，便通知了菲菲的爸爸妈妈。菲菲的爸爸妈妈虽然很生气孩子的行为，但考虑到菲菲是个女孩子，他们又受过高等教育，便没有打骂孩子，而是选择用苦口婆心的方式来教育孩子。

　　菲菲妈妈将孩子叫到身边，她温和地告诉菲菲，偷拿钱是一种不对的行为，是坏孩子才会做的事情，菲菲爸爸则告诉她，小时候如果小偷小摸，长大了就会成为偷窃犯，会被抓进监狱。

　　虽然爸爸妈妈的话令菲菲感到害怕，但在两人问她以后还偷不偷拿家里钱时，她就是低着头不说话。而菲菲的爸爸妈妈则认为，孩子的沉默是已经认识到了错误。可是没想到，在几个月后的一天，菲菲又偷拿了家里的钱。

　　这一次，菲菲的爸妈虽然恨她怒其不争，不知悔改，但依然没有大发雷霆，而是再一次苦口婆心地说教了数小时。他们问菲菲是不是知道错了，如果菲菲没有点头或认错，他们就继续耐心地讲道理。然而，说得越久，菲菲的神情就越发不耐烦，最后，她冲着爸爸妈妈大声说"你们什么都不懂，我才不要听你们说"，然后跑回了自己的房间。

菲菲的爸爸妈妈的说教错了吗？当然没有错。因为偷拿家里的钱本来就是一种错误的行为，孩子一旦发生了这样的行为，就要及时地去纠正。因为如果偷成了习惯，就会成瘾，到时候再改就难了。

那么，菲菲爸妈苦口婆心的说教为什么不管用呢？因为他们只看到菲菲偷拿钱的错误，并没有追问她偷拿钱背后的原因。

事实上，菲菲第一次偷拿钱时，正值教师节。班级里的同学都会给老师准备小礼物，她也想。所以，当她开口问奶奶要钱时，奶奶觉得她要的钱多，便没有给她，而她性格又内向，不想向奶奶解释要钱的缘由，这才发生了她偷拿钱的行为。对于父母的说教，菲菲知道自己错了，但她委屈的是父母不问她偷拿钱的原因。而第二次偷拿钱，是因为她的一个同学过生日，她想送对方礼物，这一次她没有再向奶奶开口，在上一次受到委屈的驱使下，她故意再次偷拿了钱。

可见，苦口婆心地和孩子说教，并不是错误的教育方式，而是在采用这样的教育方式前，没有考虑到孩子内心的真实感受。就像菲菲的父母，如果他们在说教前，先问一问孩子偷拿钱的原因，在这个基础上进行说教，那么就会达到教育成效。

其实，不只是孩子，我们成年人在面对他人不理解自己的情况下，对自己进行苦口婆心的说教时，内心也会很排斥。因为，每个人在被说教前，都想申诉一下自己内心的想法，都想被他人理解。所以，每一位父母都应该将心比心，在你的孩子犯错误时，不要只盯着错误，不要光顾着苦口婆心地说教，而是要先了解一下孩子的想法和感受。

所以，孩子在犯错误时，父母要心平气和地问一问孩子，犯错误的原因是什么？如果这个原因是值得肯定的，那么可以先给予孩子肯定，再对孩子进行

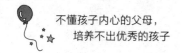

说教；如果这个原因是不值得肯定的，那么可以先帮孩子分析不值得肯定的原因，然后再来说教。父母站在孩子的角度去看待问题，去理解孩子的感受，那么之后苦口婆心的说教，取得的教育效果是事半功倍的。

　　每个孩子都是独立的个体，有自己的想法，有自己的感受，他们的内心深处是渴望被理解的，在你说教孩子时，一定要建立在尊重理解孩子的基础之上。唯有这样，你才能教育出一个优秀的孩子。

一味地说教，感动的只有自己

　　每个时代，父母对孩子的教育方式都不同。从前，父母对孩子的教育方式是"不打不成才""不打不知悔改"，但现在，主流的教育方式是说教，是和孩子讲道理。但是，很多时候，你被自己说得道理感动了，孩子却无动于衷。

　　父母选择用说教的方式来教育孩子，可以肯定的是，父母当时是理智的，是希望孩子能够真正认识到自己的错误，而不是屈服于父母的拳头之下，被迫地承认错误。所以，父母说的每一个理由，每一句话，都是极具道理的。如果说教没有发挥作用，那么就要思考，说的这些道理是否建立在孩子的感受上。

　　相信每位父母都经历过学生时代，很多时候，老师在讲台上声情并茂地讲着大家都懂的道理，老师被自己感动了，我们自己却无动于衷，其中原因是因为老师没有走进学生的内心，所有的说教不过是一场自导自演。同样的，当你对孩子声情并茂地说教时，你是否走进了孩子的心里呢？如果没有，那么对孩子来说，你的说教也是一场自导自演。

　　在《西游记》里，唐僧是温和的，孙悟空是桀骜不驯的。唐僧会时常对孙

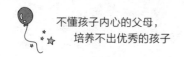

悟空说教，当他的说教建立在理解孙悟空的感受之上时，孙悟空会感动不已，会听从说教；当唐僧的说教建立在不理解孙悟空的感受之上时，孙悟空会很气恼，会拒绝听从。爱说教的父母，调皮捣蛋的孩子，与唐僧和孙悟空没有区别。所以，当你的说教能走进孩子的心里，你就能感动孩子，能取得教育效果，而当你的说教没能走进孩子心里，你感动的只有自己，而孩子却是一脸木然的。

巧巧是个漂亮的女孩，她什么都好，就是学习成绩不太好。在巧巧读低年级时，她考得不好，父母并没有多在意，因为他们认为，很多孩子都是厚积薄发的，然而读高年级时，她的成绩依然不好。

就在不久前，巧巧经历了小升初的第一次模拟考，三门成绩都在及格边缘，成绩在班级里排在了下游。在开家长会的时候，老师特意叮嘱巧巧的父母要多关注巧巧的学习。也是这一次，巧巧的父母开始关注起孩子的学习。

巧巧的父母没有选择同巧巧一起学习，没有以这样的方式来帮助她提高学习成绩，而是选择用说教的方式，让巧巧好好学习。

巧巧的爸爸妈妈会时常对她说：

"巧巧，你要好好读书，只有考上一个好学校，你才能有出息。你看隔壁的邻居叔叔，他就是考上了名牌大学，才有现在的好工作。"

"巧巧，爸爸妈妈挣钱很不容易，工作非常辛苦，你一定要好好学习啊！"

"巧巧，每次参加你的家长会，别人家的父母都非常自豪，我和你爸爸却很不好意思，因为你考得不好。所以，你下次一定要考好，让你爸妈也自豪一下。"

"巧巧，你要将心思放在学习上，不要整天想着玩。"

......

每一次，巧巧的爸妈说教时，都情感外露，连自己都被熏染感动，但他们

008

这些话在巧巧的心中却掀不起波澜，甚至他们说得越久，巧巧的心里越发不耐烦。

巧巧不想提高学习成绩吗？当然是想的。可事实却是，她每天学习到很晚，习题也做了很多，但就是在考试的时候考不好。尤其是每次听到父母说那些大道理时，她就更不能集中精力去学习，考试也发挥得很不好。因此，她特别反感父母的说教。

其实，我们走进巧巧的内心深处，会发现她的心里藏着一股浓浓的委屈。她的委屈是父母光看到了她的学习成绩，没有看到她在学习上的付出与努力。她不希望听父母说那些让她好好学习的大道理，她更希望听到的是，父母对她认真学习的态度的肯定，以及对她的信任和鼓励。

孩子有做得不好的地方，父母说教是对的。但当你的说教没有取得相对的教育成果时，就要想一想自己的说教是不是出了问题。

通常来说，父母在说教孩子时，容易犯这样几个错误：

没有站在孩子的角度去看待问题。同样一件事，站在不同的角度，就会有不同的看法。所以，很多时候，父母认为孩子做错了的事，在孩子看来，他们是没有错的。所以，当你站在自己的角度看待问题，说教孩子，这注定是一场鸡同鸭讲。

没有将自己与孩子放在同一高度上。父母是孩子的长辈，这不可否认，但如果摆足了长辈的姿态来和孩子说教，就会令孩子产生距离感，如此又怎么会令他们听进去说教呢？

说教时往往会扩大孩子的错误。很多时候，父母为了让孩子认识到事情的错误，往往会将事情说得很严重。但父母需要明白，你的孩子并不是三岁稚童，他们有辨别是非的能力。所以，当你选择将事情扩大后说教时，孩子的内

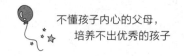
心是不忿的，听不进你的说教也在情理之中。

只顾着说教，忘了给予孩子肯定和鼓励。孩子做错了事或没有做好某件事时，很多时候他们已经认识到错误，或是已经尽力去做了。但父母在说教时，往往将注意力放在了孩子的错误上和失败上。你需要知道，孩子这个时候最需要的是你的肯定和鼓励，而不是你那无休止的说教。

父母说教，其实就像是在演绎一场电影，当这场电影是孩子喜欢的，他就能将这场电影看完，并有所感触，当这场电影不是孩子喜欢的，那么他一分一秒也看不进去。所以，父母在说教孩子时，一定要先走进孩子的内心，当你的说教是建立在与孩子感同身受的基础上时，孩子才能听进去。

因此，父母在说教时，应该这样去做：首先是站在孩子的角度去看待问题，其次在说教时要将自己放置在和孩子同等的高度上，最后是不扩大问题，以肯定和鼓励的方式来说教。每一位父母都需要明白，只有走进孩子内心的说教，才能感动孩子。

好的教育，从来都不是耍花枪

为人父母，都希望自己能教育出一名优秀的孩子。所以，在教育上，不少父母会挖空心思，想出百般花样。然而，这样的教育并没有用，取得的教育效果往往是事倍功半。因为，好的教育，它没有花枪，只有爱和理解。

花枪，我们每个人都见过，舞台上的花旦们耍着花枪，动作熟练又好看，花枪还未碰到对手，对手已经大败。放在现实中，这些花枪却没有丁点武力值，中看不中用。在教育孩子上，许多父母都有耍花枪的习惯。但是，花枪式的教育往往是雷声大雨点小，不仅在孩子的心里激不起丁点波澜，还会惹来孩子的反感。

什么是花枪式教育？我给它的定义是向他人展示教育过程，不重视不在乎教育的结果。通常来说，爱耍花枪教育孩子的父母，极其在乎面子。因为看重脸面，所以非常渴望他人认为自己是优秀的、成功的父母。所以当孩子有做得不好的地方时，他们喜欢当着他人的面去教育孩子，去说一些大道理，以此来展现自我素质。

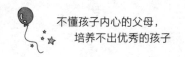
可以说，每一位用耍花枪的教育方式来教育孩子的父母，并没有真正地去了解孩子，他们从不关注孩子犯下错误的原因，也不在乎孩子到底是对是错，只会固执地认为是孩子的不对，长久以往就会与孩子产生距离感，一旦距离感产生，那么不管怎么教育，都不会取得好的教育成效。

每个孩子都有独立的人格，都有尊严，当父母不分场合、不分青红皂白地对其说教时，孩子的内心是满腹委屈的，如此又怎么会将你的说教听进心里呢？

冬冬是个健壮的小男孩，他的父母就喜欢对他进行耍花枪式的教育。几年下来，他乐观开朗的性格逐渐被暴躁易怒所取代。

在这儿说一个典型的事例，这件事发生在学校。那时，正值开学，冬冬的妈妈给他买了一个新书包，冬冬特别喜欢，也十分爱护自己的新书包。然而，班里有个和他不对盘的小男孩起了捉弄他的心思，他用圆珠笔在他的书包上胡乱涂鸦。

冬冬知道后生气极了，他让小男孩向他道歉。小男孩不仅不道歉，还说了一些激怒冬冬的话。就这样，也不知谁先动的手，两人由争执变成了斗殴。

冬冬的个头高，力气大，小男孩根本不是他的对手，三两下，他就将对方打趴下了。班里的其他同学们见冬冬将小男孩的鼻子打出了血，便跑去办公室喊来了老师，才制止了这场斗殴。

老师见事态严重，便喊来了冬冬和小男孩的父母。小男孩的父母很明事理，在没有弄清楚缘由前没有责怪冬冬，反倒是冬冬的父母，见他将小男孩打得那般惨，立马教育起来。冬冬的爸爸说："冬冬，爸爸是怎么教育你的，和同学在一起一定要友好相处，你怎么能动手打人呢？你知不知道，打人是不对的。赶紧去道歉……"

冬冬爸爸的脸上有些失望，所说的话语也表露着对冬冬的恨其不争。然而，这些十分有道理的话，却令冬冬反感极了。他不明白，明明先做错的不是他，为什么他要道歉呢！

当冬冬的爸爸对冬冬屡次使用耍花枪式的教育后，冬冬的性格逐渐变了，此后，他只要一听到爸爸的说教，他就烦躁不已，胸口仿佛有一团怒火，令他不泄不快。

不难看出，冬冬的爸爸就是一个极爱脸面的人。在教育冬冬时，太过于向他人展示自己的教育过程，太过彰显自我，毫不在乎是否能取得教育效果。而结果也是，他的教育方式一败涂地。

这就好比一位老师，当他向孩子传授知识时，太在乎课件的完美，太在乎自我语言的完美，那么注定孩子学不会知识。因为，只有简单朴实的教育，求真的教育，才能令孩子茅塞顿开。

可见，真正的教育从来都不是耍花枪，而是理解孩子。当你选择去理解孩子，孩子才会感受到被爱，如此才能取得好的教育成效。

作为父母，该怎么去理解孩子呢？最关键的一点，就是要懂得换位思考。

什么是换位思考，就是站在孩子的角度去看待问题，去思考问题，去体验孩子的感受。当你将自己放在孩子的位置上后，你就会真正地理解孩子。在理解孩子的基础上去说教，孩子才会愿意接受你的教育。

在这里需要注意，如果你有耍花枪式教育孩子的习惯，就要学会放下自己的脸面。教育从来都不是向他人展示什么。

父母是孩子的老师，需要引导孩子走上正途。一味地耍花枪，只会令孩子在歧路上越走越远。真正优秀的父母，是懂得理解孩子的父母，当你的教育建立在理解上时，你的教育才会获得成功。

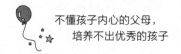
你说的那些道理，他其实都懂

有这样一个奇怪的现象：当孩子犯错后，你问他错在哪儿，他都能说出来，并且会告诉你正确的做法。可是当你说一些大道理时，他却选择视若无睹，甚至是与你对着干，下次还会犯同样的错。

所以，孩子不听说教的原因是什么呢？

可能是你说的道理没有新意。从孩子出生起，父母就在教孩子常识，在孩子成长的过程中，也会通过自己的所见所闻，来建立自己的三观。所以，对于一些人人皆知的大道理，他们是懂的。当你的说教没有新意，太过老旧时，就会惹来他们的不耐烦，继而听不进去。

可能是你说的道理太过啰唆。父母对孩子说道理时，会有这样一个习惯，就是会将明明三两句就能说完的道理，偏要长篇大论地说很久，这样做，免不了会说许多的废话，显得啰唆。成年人尚且受不了唠叨，更何况是孩子呢？

也可能是你说的道理没触碰他的心弦，而这一点也是最关键的原因。就好比一首歌，你播放的是他喜欢的旋律，他才会耐心地听下去，同样的，你的说教只有触碰到他的心弦，他才能听得进去。

该说的道理，孩子都懂，而孩子不懂的道理，你说上一遍，他就能明白。所以，想让孩子听进去你的说教，不是要说多长时间，也不是要说多少的大道理，主要是看父母说的话有没有触碰到他们的心弦。而触碰心弦的方法，就是走进孩子的心里，去体会他们的感受。倘若不走进孩子心里，不顾及孩子的感受去说教，那么注定是一场失败的教育。

这天是庄庄和妈妈冷战的第七天。妈妈做了他最爱吃的早餐，但他吃了几口就没再吃了，他背着书包出门去学校时，也没有和妈妈打招呼。庄庄妈妈看着孩子这些天对她不理不睬，心里别提多难受了。

那么，母子俩是为什么而冷战的呢？事情发生在上周五。

那天早上，庄庄出门时告诉妈妈，他最好的朋友过生日，他放学后能不能去参加。妈妈想到周五放学后庄庄有一个补习班要上，便拒绝了他，她告诉庄庄，错过了补习班的课程的话，老师不会单独给他补回来，至于好朋友的生日，可以送一份礼物表达心意，生日宴会参不参加都是次要的。

庄庄的妈妈说了好一会儿的大道理，然而庄庄一点也不想听。但他明白，如果他提出反对的意见，妈妈一定会说更多的道理。所以，他默默地背着书包去了学校。

放学的时候，庄庄没有去补习班，而是去了他最好的朋友的家里，去参加他的生日宴会。补习班的老师没有收到庄庄请假的消息，见庄庄人又没来，便打电话给了庄庄妈妈。庄庄妈妈一听孩子没有去补习班，别提多着急了，连忙在家长群里询问有没有人知道庄庄去了哪里。后来，得知庄庄去参加朋友的生日宴会，才安下心来。

庄庄妈妈回到家后，打定主意等孩子回来后，一定要好好说教一番。所

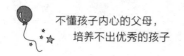
以，庄庄一回到家后，庄庄妈妈就喋喋不休地说着那些大道理：

"庄庄，你已经是大孩子了，你没跟老师和妈妈打招呼就去参加朋友的生日宴会，你不知道我们会很着急吗？"

"你已经读六年级了，这一年是最关键的一年，你应该将心思放在学习上，而不是去参加朋友的生日宴。"

……

庄庄越听，脸上的神色就越不耐烦，最后他气冲冲地回了自己的房间，而他与妈妈的冷战也由此拉开了帷幕。

妈妈说的道理，其实庄庄都懂。那他为什么选择不听呢？其实就是妈妈的说教没有触碰到他的心弦，没有走进他的心里去了解他的感受。

对于一名小升初的孩子来说，他知道不打招呼就逃课的错误性，也知道学习的重要性，但是，除了学习之外，他也有其他在乎的东西。如果在那个时候，庄庄的妈妈在孩子做出逃课的事后能够先体谅一下孩子当下的感受再说教，那么就不会有后续的冷战了。

虽然说，一些道理孩子都懂，但为人父母，在孩子做错事情的时候，那些大道理又不得不去说。父母需要明白，你可以说，但说的话一定要触碰到孩子心弦，要建立在体会孩子的感受之上。

因此，父母在对孩子讲道理前，不如先让孩子说一说他那么做的原因。在这基础上再去说教，那么，取得的教育成效将事半功倍。

一个好故事，胜过100次讲道理

　　与孩子好好讲道理，这样的教育方式是温和的，是春风细雨的。在温和的环境中成长的孩子，性格也会变得温和。但令很多父母头疼的是，有些道理明明讲了很多遍，孩子依然会犯。

　　其中原因，无外乎这样几点：

　　首先是孩子没能理解。所谓的道理，其实就是事情的是非曲直。而讲道理，就是通过逻辑论述让人明白。很多时候，父母在讲道理时，逻辑、语言都是以成年人的思维去说的，对孩子来说，尤其是年龄小的孩子，他们的语言能力、逻辑能力并没有达到成年人的水平，这就导致有时候听不懂，继而听不进去。

　　其次是听不进去。研究表明，小于7岁的孩子的思维方式是以具体形象思维为主，即理解一个事物必须建立在形象立体之上，到了7~12岁这个年龄段时，具体形象思维才往抽象思维发展。而我们对孩子讲的道理，大多数是抽象的，一旦孩子的思维中形成不了事物的具体形象，自然就听不进说教和那些道

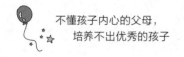
理了。

最后就是记不住。金鱼的记忆只有7秒,孩子的记忆力比金鱼好,但是一段时间后,也会忘记。所以,父母当时讲得道理,他能够记住,但一段时间后,就会忘掉,会重复犯错也就说得通了。

其实,仔细想一想,孩子听不进、记不住的最终原因,其实还是你的道理没有讲到孩子的心里。如果你讲道理讲到了他的心里,他必然会印象深刻,记忆犹新的。我们不妨回想一下自己脑海里那些印象深刻的事,是不是每一件都触及你的内心深处呢?所以,我们在和孩子讲道理时,也要说进孩子的心里去。

对此,父母可以用讲故事的方式让孩子记住你所说的道理,因为故事可以令孩子产生兴趣和共鸣。讲一个好的故事,胜过对孩子讲100次道理。

思思今年5岁,是个非常可爱的小姑娘。不过,思思有一个不好的习惯,就是一不高兴,就喜欢往楼下扔东西。

前两天,思思想要一件公主裙,妈妈没有买给她,一气之下,回到家后就将自己的一个小玩具往楼下扔。玩具砸中了一位老爷爷。好在,思思家住的楼层并不高,老爷爷的额头仅仅破了些皮。但是,这足以令思思的妈妈气愤,并引起重视。如果孩子往楼下扔的是大物件,那么砸到人的后果是不堪设想的。

但令思思妈妈无奈的是,她每次给孩子讲道理,孩子都听的认真,也向她保证下次不会再扔东西,可是没过几天,还是会继续往下扔,这让她头疼不已。她就搞不懂,大道理她说了那么多遍,孩子为什么就没放在心上呢?

思思的妈妈有一位做教育的朋友,在听说了她的烦恼后,笑着告诉她,思思之所以屡教不改，是因为那些道理没有说进她的心里。她建议思思的妈妈可以用讲故事的方式来向思思讲道理。

思思妈妈左思右想，终于编出了一个故事：

从前，有一个名叫爱丽丝的公主。她很漂亮，也很聪明，就是有一点不好，发脾气的时候总喜欢往城堡下扔东西。有一年圣诞节，厨师做的食物不合爱丽丝的胃口，爱丽丝就大发脾气，她将桌子上的食物和餐盘通通扔出了城堡。不巧的是，她砸到了正要给她送圣诞礼物的圣诞老人。

圣诞老人特别生气，他觉得爱丽丝的脾气坏透了，往城堡下扔东西的行为也特别糟糕。于是圣诞老人决定，以后都不给爱丽丝送圣诞礼物了。直到爱丽丝改掉往楼下扔东西的习惯，他才会给她送圣诞礼物。

思思听完妈妈的故事后，她对比自己的行为，发现和故事中的爱丽丝公主的行为很像，便自然而然地将自己代入了故事当中。她问妈妈，她往楼下扔东西，是不是也会收不到圣诞老人的礼物。思思妈妈回答她当然收不到，因为她会将圣诞老人砸伤。

就这样，思思认识到往楼下扔东西是不好的行为，渐渐地，她改掉了这个坏习惯。

对孩子来说，父母说的大道理显然是缺少吸引力的，孩子不感兴趣，又怎么会放在心上呢？但故事不同，因为故事对孩子来说，极具吸引力和感染力，会让孩子深陷故事的同时，也会思考故事里的道理，如此看来，是不是比说100遍大道理还有用呢？

父母可以针对孩子的行为，给孩子讲故事，讲的故事可以是大家耳熟能详的，也可以是自己编的，只需要记住一点，故事中要有你教导孩子的道理。举

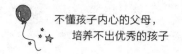
几个例子，譬如你的孩子很自私，在分东西的时候总习惯要最大最好的那个，那么不妨和孩子说一说《孔融让梨》的故事；你的孩子有说谎话的习惯，那么可以说一说《匹诺曹》的故事。

你是孩子的父母，更是孩子的朋友

　　与孩子讲道理，这是当前推崇的教育方式。然而，有的父母和孩子讲道理，孩子能听进去，有的父母和孩子讲道理，孩子却听不进去。其中有很大一部分原因是父母没有吃透自己所扮演的角色。

　　在很多父母心中，认为自己所扮演的角色就是长辈。作为一名长辈，就要有长辈的威严。故而，在和孩子讲道理时，总会摆足了姿态，说的道理也都是站在自己的角度上去说的。殊不知，当你姿态摆的越高，说的道理越大，就越会令孩子感受到距离感。而这种距离感，会令孩子将你的说教当作耳旁风，甚至很反感你的说教。

　　在这儿，我们不妨回想一下，当你和领导相处时，领导摆的姿态越高，你就越反感和他相处，内心抗拒他说的每一句话。而当领导平易近人，将自己放在与你同等的位置上时，你就会很喜欢和他相处，并愿意接受他的指教或批评。同样的，你与孩子，其实扮演的也是领导与下属的角色。

　　父母想要培养一个优秀的孩子，首先就要成为一名优秀的父母。而优秀的

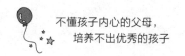
父母除了扮演长辈的角色外，更多的时候，也要懂得去扮演孩子的朋友这一角色。因为，当你将自己当成了孩子的朋友时，你所看待问题，思考问题的方式等等，将会与孩子相同。当你理解孩子的感受再去对孩子讲道理，孩子才会听进心里。

李沛是名职场女强人，在教导孩子的时候，她也以说教为主。但是，不管她说得再有道理，条理再清晰，孩子就是不听，甚至有时候还会和她对着干。

譬如有一次，她带孩子去逛商场，孩子看到一款他喜欢的玩具，非要她买。但是，李沛没答应，因为家里相同款式的玩具已经有好几个了。当时，她严肃地对孩子说："不行，你已经有好几个了，小孩子不能无理取闹。"当她的话音刚落下，孩子就在商场里大哭大闹，并说不给他买，他就不走。

还有一次，李沛的孩子想去游乐场玩，李沛也答应了孩子，并约定好了日期。但是，在去游乐场的前一天，她接到了一个紧急的工作，最终没去成。当时，孩子的心情是崩溃的，立马号啕大哭。李沛觉得孩子很不懂事，就严肃地教育他说："妈妈不是不带你去，是因为有工作。你如果非要去，那妈妈就会丢掉工作，到时候就没有钱给你买吃的，没有钱给你买衣服了。"尽管秦沛说得很有道理，但孩子就是不愿意听，哭闹了好久。

在我们成年人看来，秦沛说得没有错，说的话也极具道理，然而，为什么孩子就是听不进去呢？原因就是她说教的时候站在了自己的立场，摆足了长辈的姿态。

孩子的思维是单纯的，很多时候，他并不能意识到父母的用心良苦，尤其是父母站在自己的立场来说教时，他们更无法理解。如果能够试着以朋友的角色去和孩子说教，那么这个时候的"说教"，在孩子心中就是一次平等的交流和沟通。需要注意的是，我们在扮演孩子的朋友这个角色时，要以同龄人的思维去看待问题。当你与孩子的思维在一条线上时，他才会选择去理解你。

譬如李沛，在孩子索要玩具这件事上，不难看出，孩子是因为贪心才想买的。那么，在和孩子说教时，一定要说到他的软肋上，对此，可以放平姿态和孩子这么说："宝贝，家里的玩具有很多了，你再买的话，别的玩具就没有待的空间了，它们会不高兴，会抗议的。"这个时候，孩子的注意力又会回到旧玩具上，从而没了再买的心思。

又比如去游乐场这件事，其实不只是孩子，就连大人在遇到决定好的事情改期时，也会郁闷。所以，我们说的话要建立在理解孩子的感受之上，而不是企图让孩子先去理解你。并且，在说话的姿态上要与孩子齐平。所以，家长可以这么说："我也想去游乐场，可是有个大魔王不让妈妈去。等妈妈打败了大魔王，就带你去。"这个时候，懂得放低自己的姿态，懂得示弱，才能让孩子理解，不能去游乐场，错不在妈妈。

父母不得不承认，有时候你所说的话，没有孩子的小伙伴说的话有分量。因为孩子的小伙伴说的每一句话，都是建立在与孩子有着相同的思维和感受的基础之上的。所以，要想你的说教取得效果，就要变成孩子的朋友，懂得放平自己的姿态。当你与孩子没有距离感时，孩子才会自然而然地接受你的说教。

如何成为孩子的朋友呢？父母要适时的忘掉自己的年龄，放下"长辈"这一身份。每个成年人心中都是有童真的，但是随着年龄的增长，童真就被我们放在了心间的角落里。在与孩子相处时，不妨忘掉自己的年龄，释放心中的童真，当孩子感受到你的童真，他的心灵会不自觉地与你贴近。

父母在说教时，要站在孩子的角度慢慢引导。我们需要知道，好的说教从来不是高高在上的，也不是那些枯燥的大道理，真正能取得效果的说教，是站在孩子的角度去说教。在说教孩子时，也要懂得多鼓励少责备。因为，每个人

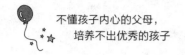
都喜欢听好话，我们的孩子也不例外。

　　每一位父母都是爱孩子的，但不谈感受只讲道理的爱，令孩子根本感受不到你是爱他的。只有理解孩子，体验孩子的感受去说教，孩子才会感受到你的爱。因此，父母要牢记，你是孩子的父母，更是孩子的朋友。

成功的说教，要留给孩子反思的空间

很多父母都有这样一个习惯，就是在对孩子说完大道理后，会立马问孩子懂没懂？明不明白？知不知道自己错了？

很多时候，孩子给予的回应不是默不作声，一脸倔强，就是会面露不耐烦。对此，作为父母的你有没有思考过，孩子为什么会有这样的反应？你的说教为什么会不起作用？其实，是因为你说教的方式令孩子觉得很没面子，是因为你没有留给孩子反思的空间。

申申今年7岁，因为父母的工作很忙，他从小在爷爷奶奶身边长大。今年暑假的时候，妈妈见工作不太忙，便将申申接到了身边亲自照顾，辅导孩子的学习，等到开学了再送去爷爷奶奶身边。

某一天，申申的妈妈接到了同事的邀请。原来，同事家的孩子要过10岁生日，想邀请她带着申申去参加孩子的生日宴。对此，妈妈同意了。

宴会那天，来了许多的小朋友。同事点了很多的菜，小朋友们吃得不亦乐乎。唯有申申，他没什么兴趣，妈妈夹给他的菜，盛给他的饭，他都没有吃

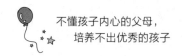

完。妈妈见状，便耐心地跟他说要吃完，但申申就是不吃。

妈妈的脸色不禁严肃起来，开始对申申说教："申申，剩饭是一种不好的行为。因为我们吃的饭菜，都是农民伯伯辛辛苦苦种出来的，你浪费食物，就是在糟蹋农民伯伯的心血，每个懂事的孩子从来都不会剩饭。你看其他小朋友，他们是不是都把饭菜吃得干干净净？因为他们都是懂事的小朋友……"

申申抬头看了一眼其他小朋友，发现大家都盯着他看，这让他的脸不禁红了起来，低着头不再说话。于是，妈妈问申申："你知道错了吗？"

对此，申申就是不回答，也不去吃他没吃完的饭。而他无声反抗的行为令妈妈不禁怒火中烧，她想继续说教，但被其他家长劝阻了，这才作罢。

后来，在切生日蛋糕时，申申吵着闹着要最大的那块。他的行为令妈妈非常难堪，不禁严肃地对申申说："申申，你怎么这么不懂事呢？你是大哥哥，身为哥哥，应该礼让弟弟妹妹，你明不明白？"然而，回答妈妈的却是申申的"我明白"，以及他歇斯底里的吼叫。

生日宴会过后，申申妈妈的心疲惫不已，她怎么都不明白，她对孩子讲道理，孩子为什么就不听呢？

申申妈妈的说教错了吗？没有错。因为，孩子犯了错，父母只有点出孩子的错误之处，孩子才能认识到错误，并且去改正。但是，申申妈妈的说教方法用错了，是因为她的说教没有顾忌孩子的脸面，没有留给孩子反思的空间。

我们可以换位思考一下，当我们面对他人的说教时，如果自己真的错了，那么内心会是难堪的，恨不得找个地洞钻进去，并且内心深处还有一个声音"我知道错了，你能不能不要再说了"。如果自己没有错，那么又会觉得委屈，会十分抗拒他人的说教。尤其是在对方询问自己懂不懂，知不知错时，会觉得异常难堪，且内心的反感也会达到最高值，最终的结果不是负面的情绪外露，就是与说教的人辩解、起争执。

面对这样的情况，我们会有激烈的情绪和行为，这不难理解，这是因为我们觉得很没面子，所以企图用这样的情绪和行为来维护自己的面子。我们的孩子虽然年龄小，但他们和成年人一样，也是有自尊心的，甚至对自尊心的看重有时候比成年人还重，所以他们会看重脸面也在情理之中。

成功的说教不是在说教后立马从孩子身上验证说教后的成果，因为这样的说教，最终都是失败的。成功的说教应该是对孩子说教后，给予他们反思的空间，让孩子在这个安静的空间里，反思自己的行为，认识到对与错。

因此，父母在对孩子说教时，想要取得效果，就一定要给孩子留出反思的空间。那么，具体该如何实施呢？

首先要耐心地指出孩子的错误。孩子是聪明的，有时候能立即知道自己犯了错，在那个时候，他们的内心是惶恐的，希望父母能温柔、耐心地对待他们。而一旦父母严肃地对待他们，会令他们不自然地产生负面的情绪。一旦孩子有了负面情绪，再好的说教，效果都会大打折扣。所以，我们不只是为了安抚孩子的情绪，也为了令说教有效果，一定要耐心地对待孩子，指出孩子的错误。

其次要围绕孩子的错误，清晰地阐述道理。人在面对错误的时候，总想为自己的错误辩解，总不认为自己错了，孩子也是如此。我们在对孩子说道理时，一定要有条有理，令孩子能真正地认识到错误，这样才能谈改正。

最后要留给孩子反思的空间，让孩子自我反省。这一步，可以说是决定说教成功与否的关键一步。所以，我们对孩子阐述完道理后，不要立马问孩子"知不知道错了""懂不懂""下次还会不会再犯"这样的话，而是要对孩子

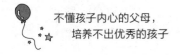

说"你自己好好想想"这样的话。

孩子在反思的空间里，会反复回忆父母说教的话语，并细细去斟酌。在认识到自己的错误后，会心生后悔，最后自觉地去改正。

让孩子自己说教，也能取得好效果

说教，其实就是用道理去教育和感化，相对于打骂的教育方式，这种教育方法更可取。在说教上，很多父母自然而然地认定主动权应该由自己掌握，当孩子犯错了，有做得不好的地方，应该由自己说教。但我有一个问题不得不问，那就是你的说教取得好的教育成效了吗？

说教的教育方式和打骂的教育方式存在本质的区别，因为说教的教育方式是被动的，更注重孩子的心灵，是由孩子自己认识到错误，然后改正，而打骂的教育方式是主动的，它能够震慑到孩子的心灵，令孩子不管三七二十一，先认错再说。

其实，说教的权利并不应该从始至终都掌握在父母的手里，当我们意识到我们的说教令孩子心不在焉，令孩子抗拒，难以取得教育效果时，不妨放手说教的权利，将权利放到孩子的手中，让孩子自己说教，如此，会发现取得的教育成效会意想不到的好。

彤彤今年9岁了，是一个特别有个性的女孩。这是因为，每次她做错了事

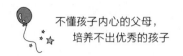

情时，她并不认为自己错了，所以任凭妈妈怎么对她说教，她就是不改。

譬如有一次，彤彤的班级进行大扫除，彤彤被分派到了擦窗户的任务。她把窗户擦完后，就独自回家了。对于彤彤班级组织的大扫除活动，妈妈是知道的，她见彤彤那么早就回家了，不禁问她怎么回事。彤彤便将事情经过说了一遍。

妈妈听后，很不赞同彤彤的行为，她对彤彤说："彤彤，大扫除是集体的活动，老师是希望你们能一起完成，而不是谁完成了谁就走。你要有集体荣誉感，要懂得与同学团结友爱……"

妈妈说了很多，但彤彤一句都听不进去，她还反驳："妈妈，老师分给了我们单独的任务，当然是谁完成了就能走！"

对于彤彤的冥顽不灵，固执己见，妈妈很是无奈。她觉得，自己的说教起不到丁点儿作用，孩子根本就没有认识到自己的行为是错的。于是，妈妈改变了说教的方式，她让彤彤自己给自己说教。那么，彤彤妈妈是怎么实施的呢？

有一次，彤彤去乡下的爷爷家玩。那时，爷爷奶奶家的水稻长满了稻穗，沉甸甸的特别喜人。彤彤觉得很新奇，便一股脑儿地摘了很多的稻穗，玩得不亦乐乎。对于彤彤糟蹋庄稼的行为，妈妈非常不认同，她严肃地问彤彤："你觉得庄稼是用来玩儿的吗？"

彤彤虽然小，但是却明白"粒粒皆辛苦"的道理，她不禁摇了摇头，说："不是。"妈妈又让彤彤说一说不是的原因。彤彤想了想，说："庄稼是农民伯伯辛辛苦苦种出来的，每一粒庄稼都是他们的汗水……"彤彤说了很多，说到最后，她的脸上就差写上"我知道错了"这几个大字了。

《三字经》中有这样一句"子不教，父之过"，所以绝大多数父母认为，孩子不学好，是父母的过错，是父母没有对孩子进行教育。所以，父母们也自然而然地认为，自己是说教者，而孩子是被说教者。因此，当孩子懵懂之际，父母就不知疲惫地对孩子诉说着各种各样的大道理。

从中也不难得出，"你说的大道理，孩子其实都懂"这个认知。所以，你的说教不起作用，从根本上来说，是孩子拒绝去听，他们打心眼儿里厌烦和抗拒。那么，孩子抗拒听，我们就要放弃说教吗？当然不，要知道放弃说教是一种纵容孩子继续犯错的行为，会让他们无法主动的认识到错误。其实，父母可以换一种说教的方式：让孩子自己给自己说教。

让孩子自己说教，看起来是孩子占据了主动权，其实不然，孩子依然是被动的，他们被动地说，却能主动地认识到自己的错误。因为，孩子自我说教的过程，其实就是在自我反省，并且，孩子自我说教时的思维是冷静的，他能听进去自己说的每一句话，从而认识到错误，并下定决心去改正。更重要的一点是，孩子的自我说教是建立在自己的感受之上的，这比我们不顾及孩子的感受、猜不透孩子的想法去说教要有用得多。

各位父母，如果你的说教不起作用，你的说教令你疲倦不已，不妨试一试让孩子自己说教，当你尝试过后，你会发现，这样也能取得好的教育成效。

伪装，不仅是成年人的手段，随着孩子日渐长大，他们也会将这样的手段玩得炉火纯青。所以，孩子表现出来的快乐，并不代表他真的快乐。作为父母，我们应该与孩子进行心贴心的交流，试着走进孩子的内心，去了解他们的不快乐。

这些年，你有多少次误解了孩子？

很多父母都会有这样的经历：当孩子做出一些我们认为不合理的行为时，会不加思考的指责孩子。可是有很多时候，孩子面对我们的指责，他们表现得很激动，会歇斯底里地与我们争吵、抗议、辩解。这个时候，作为父母的你有没有想过，其实孩子的行为并没有错？其实是我们误解了孩子？

试想一下，当我们因为某些行为而被人误解时，内心会感到委屈，会感到憋屈，随着这股情绪越发浓烈，继而会不自觉地为自己争辩，情绪也会随着争辩越发的激动。同样的，孩子在被父母误解的时候，他也会感到委屈，同样会用激烈的言行来为自己辨别，以此来维护自己受伤的心灵。

妙妙今年10岁，是个非常懂事的姑娘，但是性格有些内向，平时有不快乐的时候，她都闷在心里，也不跟爸爸妈妈诉说。也正是因为内向，令她多次被爸爸妈妈误解。

譬如前两天，妙妙的爸爸出差了，妈妈忽然生病咳嗽的非常厉害。在吃过晚饭后，妈妈实在坚持不住，连碗都没洗就躺在床上休息了。不过，她在休息

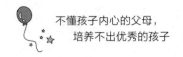
前叮嘱妙妙，写完作业后喊醒她，她要检查，而妙妙也懂事地说好。

妙妙在写作业的时候，一直听到妈妈在不停地咳嗽，她便想下楼买点止咳药回来。她原本是想和妈妈打声招呼再下楼，但看妈妈已经睡着了，便悄悄地开门出去了。然而，就在她下楼买东西的空档，妈妈醒了。

妈妈喊了好几声妙妙的名字，等不到回应后，她就下床去妙妙的房间看，这一看让她的心悬了起来，妙妙不在房间。她在家里找了一圈，发现人不在家后，又匆匆忙忙地跑了出去，想在家附近找找看。结果在小区的大门口，她看见了妙妙。

妈妈并没有注意到妙妙手里拎着东西，她对着妙妙就是一顿训斥："你这孩子，不是让你在家写作业吗？你怎么跑出去了？而且还不跟妈妈打招呼！你想要妈妈担心死吗？你怎么这么不听话……"

妙妙越听，心里越发的委屈，她承认不跟妈妈打声招呼出门是不对，但是她出门是为了给妈妈买止咳药，而且妈妈那时候睡着了，她不想打扰她。最后，妙妙红着眼眶，大声对妈妈说了一句"妈妈，我讨厌你"后，回了家。

回到家后，妙妙悄悄地将止咳药放进了医药箱，自己便回房间写作业去了。在接下来的几天里，妙妙变得异常沉默，她不再主动地跟妈妈交流，哪怕是妈妈找她说话，她的回答也是零星几字。

从妙妙的表情和言行上，妈妈能够感觉到妙妙的不开心，然而，粗心的她怎么也猜不到妙妙不开心的源头在哪儿。直到有一天，她收拾药箱时，发现装止咳药的袋子里有一张收据，收据上的时间是妙妙那天晚上出去的时间，她才恍然想到，妙妙那天晚上不打招呼出门原来是为了给她买止咳药。

妈妈的心里既感动，又懊恼，她感动的是孩子对她的关心，懊恼的是自己不分青红皂白地训斥孩子，误解了孩子。

在我们成年人看来，妙妙是做错了，因为她不打招呼就出门，令妈妈担心了。但如果站在妙妙的角度来看，她不仅没有做错，反而她的行为还很贴心。但是，因为妈妈的主观性，令孩子心生委屈，变得不快乐。而孩子究竟有错没错，也是一个值得商榷的问题。

在孩子成长的过程中，误解会对孩子的身心成长造成极大的影响，它可能会使孩子性格暴躁，可能会使孩子内向孤僻，可能会使孩子变得叛逆、偏激。而在被误解的很长一段时间里，他都会感到不快乐。那么，是什么原因造成父母对孩子的屡次误解呢？答案是家长的自以为是。

不可否认，孩子因为缺乏阅历，会经常做错一些事。但是，其中有些错是父母站在自己的角度去解读的。如果我们能换个角度，站在孩子的位置上去想一想，你会发现，你所认为的错误，可能并没有错。但是，孩子却因为我们的误解而感到委屈，感到不快乐。

作为成年人，我们有属于自己的一套是非观，一旦孩子的行为颠覆了我们的认知，我们会自然而然地认为是孩子错了，并且不会给孩子辩解、申诉的机会。但是有很多时候，在孩子看来，他们没有错，是作为父母的我们的主观意识认为他们错了。我们作为孩子最亲近的人，我们的误解和不给他们辩解的行为，无疑会对他们身心造成巨大的伤害。

孩子犯错了，合格的父母应该指出，但是在指责之前，我们要冷静地问自己一个问题：孩子真的错了吗？对此，我们应该做到两点：一是学会换位思考，二是不将自己的主观强加在孩子的身上。

所谓的换位思考，就是不要急着指责孩子，而是要站在孩子的角度上，想一想他这么做的原因是什么，目的是什么？如果孩子的原因和目的都是积极向上的，那么我们就不能盲目地指责孩子。而所谓的不要把我们的主观强加在孩

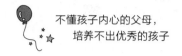
子身上，就是不要把我们的价值观、是非观等强加在孩子的身上。如果孩子那么做的初衷是情有可原的，他的主观又与我们相差甚远，这个时候可以让孩子辩解，而父母则采用温和的方式去引导孩子。

如果说，这世界上令人最不快乐的是什么，那就是被他人误解。作为父母，我们应该成为孩子快乐的源头，积极地为他们制造快乐，而不是不自知的误解他们，将不快乐的情绪强加给他们。所以，在与孩子相处时，一定要保持理智，不要再误解孩子了。

只有懂得，孩子才会被真正看见

很多时候，我们会有这样一种感受：当我们的想法被他人理解时，我们会感到快乐，当我们的想法不被他人理解时，我们会感到沮丧。可见，他人的懂得能直接影响到一个人的情绪。

那么，在我们的孩子闷闷不乐时，作为父母的你有没有想过，是不是你对孩子的不懂得，才造成孩子的不快乐呢？

回忆一下，当你因某件事而和孩子交流时，明明前一秒他还笑容满面，然而交流过后，脸上却写满了沮丧；孩子在做一件事时，如果你认为他错了，并且不给予他辩解的机会，他会表现出沉默或愤怒；当孩子鼓起勇气对我们说出他的想法时，你的频频皱眉，会让他的脸上溢满了失望……孩子的不快乐，归根究底，还是父母对他们的不懂得。

在我们不懂得孩子的那一刻，孩子仿佛身处黑暗之中，他们迷茫、彷徨、失落，而我们对他们的懂得，就像是一道耀眼的光芒，能够指引他们走出黑暗。在教育孩子的过程中，我们不仅要让孩子看见我们，更要学会看见孩子。

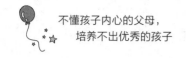
而看见孩子的前提，就是懂得他们的想法。

小可是个活泼的小姑娘，今年读五年级。她的成绩向来不错，从来没有考出过班级前三名。然而这一次的期末考试，小可的成绩遭遇了滑铁卢，考了班级的二十多名。

对于没有考好的原因，小可有认真想过，是她将大部分的时间都花在了看电视上，从而忽略了学习。因为没考好，她主动向父母检讨了自己，并表示在寒假期间，会努力学习。小可的父母见小可知道没有考好的原因在哪儿了，也没有过多的批评她。

在寒假期间，小可按照她自己说的，每天都会认真地学习，这让父母非常欣慰。就这样，一转眼就到了新年。

按照以往的安排，在年初二这天，小可的爸爸妈妈要带着小可去姥姥姥爷家拜年，顺便住上几天。以往在去姥姥姥爷家前，小可会自己收拾东西，表现得非常积极，人也快乐得像一只叽叽喳喳的小鸟。但是这一次，小可迟迟不收拾东西，整个人显得闷闷不乐，她还问妈妈自己能不能不去。

妈妈疑惑地问小可为什么不去？

小可低着头，说自己不想去，想在家里学习。

对于小可的说辞，妈妈是不认同的。因为，她虽然觉得学习很重要，但不在乎几天的时间。更重要的是，不去姥姥姥爷家拜年会显得很不礼貌。所以，小可的请求被她拒绝了。然而，也是妈妈的拒绝，令小可更加闷闷不乐了，连话也不爱说了。

小可的爸爸发现小可情绪上的低迷后，他不禁思考起孩子不想去姥姥姥爷家拜年的原因。小可爸爸觉得，小可说想在家学习，这是小部分原因，大部分原因是她不想面对同样去姥姥姥爷家拜年的表姐。因为每一年，大家都会比较小可和小可表姐的成绩。这一次，小可没有考好，因为不好意思，才不想去姥姥姥爷家。

小可爸爸觉得，小可已经是大孩子了，有自己的想法，作为父母，如果孩子的想法合理的话，不应该拒绝。所以，他和小可的妈妈商量了一下，同意了小可的请求。为了照顾小可，爸爸陪着她一起留在家里。

因为父母的懂得，让小可特别感动，让她阴霾的心情也瞬间晴朗起来。

孩子绝大多数的不快乐，是父母的不懂得。而一旦父母懂得了他们，他们的内心又会感到快乐。就像事例中的小可，妈妈的不懂得令她闷闷不乐，后来爸爸妈妈的懂得，又令她感动和快乐。

然而，在生活中，又有多少父母能读懂孩子的内心？又是什么原因造成了父母不懂得孩子呢？

可能是父母对孩子情绪上的忽视。许多父母在教育孩子时，关注的重点在孩子的言行上。一旦孩子的言行出错了，就会指出，并责其纠正。而当孩子情绪低落，表现出不快乐时，却没有那么的在意。殊不知，关注孩子的情绪与教育孩子同样重要。因为，孩子只有内心快乐了，他才能健康成长。

可能是父母对孩子的不理解。很多父母并没有把孩子当成一个独立的个体，而是将孩子当作自己的所有物。所以，在与孩子相处时，总要求孩子按照自己的想法走。可事实上，孩子是独立的，他们有自己的想法，父母的不理解会令他们找不到存在的意义，继而觉得不快乐。

每一位父母都必须明白，孩子从出生的那刻起，就已经是独立的个体了，他需要被尊重，也值得被尊重。所以，在与孩子相处时，父母应该要学会懂得孩子，这样孩子才会被真正看见。那么，我们该如何懂得孩子呢？

我们要懂得去察觉孩子的情绪。孩子的内心是快乐的，还是不快乐的，我

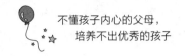
们从他们的表情和言行上就能看出来。这是因为，孩子年龄小，还不懂得掩饰自己的不快乐。所以，作为父母，我们要关注孩子的情绪，只有察觉到他们内心的不快乐，才能去谈懂得。

我们也要懂得倾听孩子的心声。父母是孩子最亲近的人，当他们的内心不快乐时，他最想倾诉的人，其实是父母。而一旦父母拒绝他们的倾诉，孩子就会将自己的内心封闭起来，这时候再想走进孩子的心里就难了。所以，孩子愿意向父母倾诉时，父母一定要扮演好倾听者的角色。再倾听完孩子的不快乐后，并站在孩子的角度去思考这股不快乐是从哪儿来的，再去理解孩子。

此外，我们更要懂得尊重和支持孩子。当孩子有自己的想法和想做的事情时，父母不应该第一时间说"不行""不可以"，应该要尊重孩子、支持孩子，这样孩子才会觉得自己是被父母尊重，被父母懂得的。

不要因你的焦虑，让孩子活得不像孩子

作为父母的你，有感到自己很焦虑吗？

有研究表明，中国绝大多数的父母都是存在焦虑情绪的，只不过有的焦虑明显，有的焦虑不明显。那么，是什么原因令父母感到焦虑呢？

工作会令父母感到焦虑。作为一名有责任心的父母，自然想给孩子最好的，而这些最好的，有许多都与金钱挂钩。所以，为了能赚到更多的钱，我们会拼命地工作，面对如此高的工作压力，又如何不感到焦虑！

日常生活会令父母感到焦虑。在没有生养孩子前，父母可以肆意地生活，但是生养孩子后，生活的重心落在了孩子的身上，一切以孩子为主，也正是因此，焦虑便产生了。说一个典型的例子，譬如有朋友约我们出去玩，但是因为孩子又走不开，想一想从前的潇洒、自由，当你叹息时，焦虑就已经出现了。

孩子的成长会令父母感到焦虑。我们既然选择生育孩子，自然希望孩子能品学兼优，能有一个美好的未来。所以，在孩子的成长过程中，父母会担忧很多问题，比如孩子的身体健康，孩子的性格，孩子的学习成绩，孩子未来的感

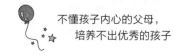
情生活，等等。这些担忧汇聚在一起，就是浓浓的焦虑感。

从心理学上来说，焦虑是个体对即将来临的、可能会造成威胁或危险的情景所产生的紧张、焦虑、烦恼、恐惧等不愉快的复杂情绪状态。而焦虑作为情绪的一种，它像感冒一样，也有"传染"这一特性。所以，作为父母的你如果常常在孩子面前表现自我焦虑的一面，那么，会令孩子失去应有的天真和快乐，令孩子活得不像个孩子。

筱筱今年10岁了，从小到大，她就是个乖巧懂事的孩子，令父母鲜少操心。自今年升入四年级后，她感觉学习上越来越吃力，并在期中考试中，考了一个非常差的成绩，令父母吃惊不已。

爸爸妈妈认为，筱筱没有考好，一定是因为上课没有认真听讲，课下没有花时间去学习，因为在四年级之前，筱筱的成绩还是不错的。但筱筱却知道，她上课听得可认真了，课下也努力学习了。可是，在面对题目时，她就是做不出来。

为了帮助筱筱提升学习成绩，爸爸妈妈轮流盯着筱筱学习，并对她进行辅导。也正是因此，他们发现了一个不得不承认的问题：他们的女儿并不是一个聪明的孩子。面对这样一个事实，爸爸妈妈不禁焦虑起来，他们时常克制不住地在孩子面前唉声叹气，说一些焦虑的话，譬如"成绩这么差，以后肯定考不上好的大学了""头脑不聪明，以后在职场上肯定吃大亏"等等。

每每看到爸爸妈妈焦虑的神情，听到他们说的焦虑的话语，筱筱的心里就止不住的难过。渐渐地，她开朗乐观的性格一去不复返，整个人变得孤僻内向起来，而她的身上也笼罩着一股浓浓的焦虑感。

父母的焦虑会给孩子带来哪些负面的影响呢？

首先，孩子会变得焦虑。情绪很神奇，它有感染人的魔力，当我们和心情愉悦的人在一起时，我们的心情也会变得愉悦；当我们和情绪低落的人在一起时，我们的情绪也会变得糟糕。所以，父母表现得很焦虑，孩子也会感到焦虑，从而变得不快乐。譬如，很多父母过于看重孩子的学习成绩，当孩子的成绩不好时，会不自觉地在孩子的面前为其成绩而唉声叹气，孩子耳濡目染，也会跟着焦虑。

其次，焦虑会使父母教出低能儿。人会焦虑，是因为我们的过于看重，通常来说，父母在看重某件事时，也会存有较强的控制欲，喜欢控制孩子按照自己的意愿走。这样的控制欲除了令孩子丧失欢乐外，还会令孩子成为各方各面的低能儿。

最后，焦虑会导致孩子的性格往不好的方向发展。焦虑的父母在教导孩子时，通常都是严厉的，而当孩子犯错误时，家长会批评、指责，并给予惩罚。缺乏温柔且没有鼓励的教育方式会令孩子的内心非常敏感，使性格越来越自卑、内向、孤僻等等，这些性格对孩子的成长和未来是非常不利的。

作为父母，担忧孩子是人之常情，但是，这不是令孩子生活在我们的焦虑情绪中的理由。每个孩子都应该是快乐的小天使，作为父母的我们更应该为孩子创造快乐，带去快乐。所以，父母该如何控制自己的焦虑呢？

焦虑作为一种情绪，是能够自我感知到的。当我们察觉到自己的情绪低落、彷徨、难过、恐惧等等时，就要意识到自己开始产生焦虑了。在这个时候，就要注意自己的言行，即不要在孩子面前展露焦虑的言语，或是展现焦虑的行为。如果无法在孩子面前克制自己焦虑的言行，那么就要暂时地离开孩子，寻找控制焦虑的方法。

从心理学上来说，焦虑是无法消除的，因为人生的每个阶段无时无刻不在焦虑。所以，对于焦虑，我们只能去控制它。而最好的控制办法，就是找到令

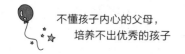
自己焦虑的源头，并解决这个源头。那么，这个阶段的焦虑就能被控制住。如何找到源头呢？可以冷静下来进行自省，想一想内心的不安、恐惧是什么。

　　孩子的世界是阳光的，他们就像一朵朵天真烂漫的花，作为父母，我们要守护孩子内心的阳光，令他们开心快乐地成长。

其实，那些顺从的孩子"心门"闭得更紧

什么样的孩子最令父母舒心？毫无疑问，是那些顺从父母的孩子。

每个顺从的孩子身上都有一个明显的标志，听话。听话到什么程度呢？父母不让孩子做什么，孩子绝对不会做什么。他们从来不会反驳或质疑，对于父母的决定，也总是默默地去执行。

对父母来说，顺从的孩子乖巧懂事，令他们感到轻松、愉悦，但是，你在轻松愉悦的时候，是否观察过孩子的情绪到底是快乐的，还是不快乐的呢？可以明确地说，顺从的孩子内心并不快乐，相对于那些叛逆的孩子，他们的心门往往关闭得更紧。

巧巧从小是在爷爷奶奶身边长大的，因为她的爸爸妈妈工作很忙。后来，巧巧的爸爸妈妈见她要升入小学了，为了给她好的教育，便把她从爷爷奶奶身边接了回来。

然而，令人意想不到的是，巧巧仅仅在父母身边待了一年，她就从一个性格外向的孩子变成了一个性格内向而孤僻的孩子。这究竟是什么原因呢？原

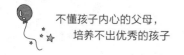

来，是巧巧太过顺从的原因。

在离开爷爷奶奶时，爷爷奶奶曾叮嘱巧巧，要听爸爸妈妈的话，不要给爸爸妈妈惹麻烦，因为爸爸妈妈工作很辛苦，压力也很大。对此，巧巧听从了。所以，对于爸爸妈妈说的话，她都乖巧顺从，哪怕有时候她心里特别抗拒，她也没有反驳。

有一回，学校组织了一场三天两夜的游学活动，巧巧班里的同学都报名参加了，巧巧也特别想去。当她回家告诉妈妈学校组织游学的消息时，妈妈想也没想就拒绝了。为此，巧巧心里难过极了，但她没有和妈妈大吵大闹，而是问妈妈不让她参加的理由。妈妈说，参加游学的学生太多，而照看的老师很少，会很不安全。

还有一回，学校举办六一晚会，要求每个班级出一个节目。巧巧所在的班级要表演的节目是舞台剧《白雪公主》。因为巧巧长得好看，大家都推荐她演白雪公主。为此，巧巧既激动又好奇，激动的是她被同学们一致认可出演美丽善良的白雪公主，好奇的是她从来没有接触过舞台剧。

那天，巧巧心情雀跃地回了家，她将这个消息告诉妈妈时，希望能得到妈妈的支持和鼓励。可是，妈妈不仅没有支持鼓励她，还反对她表演节目。妈妈说，表演好一个节目需要很多的课外时间来排练，而她的成绩不算好，如果被占用了大量的时间，学习成绩肯定会退步。

巧巧不死心地对妈妈说，排练占据多少学习时间，她就往后延长自己的学习时间。但妈妈依然不同意，她说一个人的精力是有限的，延长学习时间不仅效率跟不上，得不到充足的休息的话，还会影响隔天的学习效率。

就这样，随着爸爸妈妈拒绝的次数越来越多，巧巧也不再向父母透露自己的想法了。对于爸爸妈妈的话，她都顺从地听，顺从地去做，而她嘴角的微笑，也不知从什么时候起消失不见了。

可以说，每一位父母做出的决定，说出的话，都是以为孩子好为前提。可是，孩子是否理解我们的用心良苦？是否会为我们的用心良苦而感到快乐呢？答案显然是否定的。因为强制孩子按照我们的意志去做，只会令他们觉得自己被掐住了咽喉，无法畅快地呼吸。

通常来说，性格的形成有两个原因，即先天原因和后天原因，其中后天原因是性格形成的主因。所谓的后天原因，其实就是成长环境对性格的影响。当我们的孩子处在父母强势的环境里，顺从惯了，顺从久了，就会逐渐形成顺从型性格。而一旦形成了这种性格，会给他们的人生带来很多弊端。

譬如孩子会变得没有主见。其实，不只是孩子，任何一个人如果一味地按照他人的想法去生活，渐渐地就会失去自己的想法。所以，顺从型性格的孩子在面对需要自己抉择的事情时，他们的头脑是一片空白的。当一个孩子没有了主见，他将与一具玩偶无异。

可以说，每个顺从型性格的孩子，其生活、人生都被父母安排得妥妥当当，不需要自己去烦恼。这意味着孩子将鲜少有机会独自面对困难。以至于真正遇到困难时，会表现得胆小敏感，不知道该如何处理。

此外，更重要的一点是，顺从的孩子内心是不快乐的。因为，孩子和我们成年人一样，是一个独立的个体，有自己的想法。当自己的想法被执行时，才能感知到自己存在的价值。就好比生活中的我们，如果按照自己的想法去生活，内心会感到肆意、愉悦，而一旦被他人束缚住想法，按照他人的想法去生活，就会觉得生活是枯燥的，会感到不快乐。

孩子虽然小，但是也有感知自我存在价值的能力，作为父母的我们如果长久地掌控孩子的想法，让孩子按照我们的想法去生活，孩子就会觉得自己失去

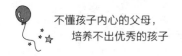

了存在的价值，这样还谈何快乐呢？

作为父母，我们希望孩子的嘴角一直挂着天真无邪的微笑。所以，我们要学会放手，学会尊重孩子的想法。哪怕有时候孩子的想法不切实际，注定了会失败，我们也可以让他们去尝试，因为失败会令他们吃一堑长一智，会令他们更好地成长。

孩子就像一只幼鹰，父母只能保护他们一时，却保护不了他们一世。因为幼鹰终有长大的一天，它们终将独自去面对危险重重的海阔天空。

越自由的选择越幸福吗？并不！

越来越多的父母认为，爱孩子，就该给予孩子绝对自由的选择。对孩子来说，他确实得到了尊重，但相对的，他也许失去了快乐。因为，不是越自由的选择越会使孩子感到幸福。

美国有一位著名的心理学家就"选择"对"幸福"的影响对孩子们做了一个有趣的实验。这位心理学家将孩子分为A、B两组，然后进行了两轮实验。

第一轮实验中，他让孩子用画笔画画。其中，A组的孩子要在3支画笔中选择1支，B组的孩子要在24支画笔中选择1支。孩子选择好画笔，绘画完毕后，他邀请了一位不知情的美术老师对孩子们的画进行评分，结果B组的孩子画的画普遍要比A组的孩子画得差。

在第二轮实验中，这位心理学家让孩子们先选择画笔，然后将画笔当作礼物进行交换。这一次，他依然让A组的孩子在3支画笔中选择1支，B组的孩子从24支画笔中选择1支。结果，B组的孩子更乐意交换，而A组的孩子表现得有些抗拒。

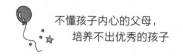
这位心理学家的实验表明，有时候给予孩子绝对的自由，绝对的选择权，会导致他们产生更多的烦恼，继而变得不快乐。这是因为，选择越多，满意度就越低，反倒是选择越少，幸福度才更高。

在此，我们不妨回忆我们的童年，相对于现在的孩子来说，我们的童年是缺乏选择的，因为那个年代的玩具、零食都少得可怜，衣服鞋子也远不如现在这般丰富多彩。但是，每每回忆起童年，却令我们感到幸福快乐。可见，越自由的选择并不见得令人感到快乐。

如今，时代在发展，孩子的选择多了起来，可是当我们给予他们足够的自由，让他们自己去选择时，他们却总是皱着眉头，脸上浮现的也都是犹豫不决，而每每选择过后，脸上也不见快乐。

小缇是个漂亮的女孩，她出生在一个并不富裕的家庭。尽管如此，她的爸爸妈妈还是会为她过生日。在生日那天，爸爸会为小缇买一个八寸的蛋糕，蛋糕上总写着"祝小缇生日快乐，越长越美"这样的祝福语，妈妈会送她一个生日礼物，有时候是一个洋娃娃，有时候是一本书。然后，爸爸妈妈会围着她，唱一首《生日快乐》歌，最后他们一家三口将蛋糕吃光。所以，小缇每年最期待的就是过生日，因为在生日那天，她感到无比的快乐，无比的幸福。

后来，小缇的父母创业成功，家里的条件越来越好。那一年，在她过生日时，爸爸没有做主为她定蛋糕，而是将她带到了蛋糕店。爸爸让蛋糕店的老板拿来蛋糕的画册，让小缇从中选择一款。

小缇打开画册后，里面的蛋糕样式琳琅满目，每一款都很精致漂亮。而小缇从来不知道，蛋糕可以做成那么多的花样。小缇看着画册，心里特别纠结，因为她这个也想要，那个也想选，最后在爸爸的催促之下，她选择了一款十六寸的大蛋糕。然而，在回去的路上，她突然后悔起自己的选择，因为她觉得自己更喜欢另外一款。但是，蛋糕已经定下了，他们也离开了蛋糕店，她后悔也来不及了。

小缇的妈妈这一年也没有自己做主为小缇选择生日礼物，她将小缇带去了精品屋，让小缇自己选一个当作生日礼物。小缇看到了美丽的洋娃娃，看到了精致的音乐盒，看到了各种各样的玩具，她仿佛像是打开了新世界的大门，每一个都想要。然而，妈妈只让她从中选择一个。最后，小缇不情不愿地选择了一个玩具。这一次，她还没走出精品店的门口，就后悔了自己的选择，她央求妈妈给她换成了洋娃娃。然而刚回到家，她又后悔起自己的选择，她觉得自己更喜欢音乐盒。

过生日的时候，爸爸妈妈依然围着小缇唱了一首《生日快乐》歌。但这一次，因为蛋糕太大了，他们没有吃完。小缇看着剩下的蛋糕，又看着自己选择的生日礼物，她感觉不到丁点的快乐，也没有往年过生日时的幸福感。

作为父母，给孩子自由的选择，这一点是值得肯定的。因为，这是对孩子的尊重，是在培养孩子的自主能力。但是，在给孩子自由的选择时，我们也要考虑选择事物的多样性，因为，孩子面临选择的项目越多，他们就越感觉不到快乐。

试想一下，我们在一家服装店试了数套衣服，每一套都特别漂亮，特别适合自己。这个时候因为经济压力，只能从中选择一件，相信我们的内心是不甘的，是不快乐的。同样的，让孩子从琳琅满目的玩具中选择一款，从多种多样口味的糖果中选择一颗，他的内心也是不甘的，是不快乐的。在这个时候，给予孩子足够自由的选择权成了制造孩子不快乐的罪魁祸首。

我们需要给予孩子自由的选择，但是要筛除那些会造成孩子不快乐的自由选择。对于这种令孩子不开心的选择，我们可以替他们选择，对孩子来说，他

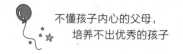
们也愿意看到我们替他们做出选择。

当然，我们还可以控制孩子选择的选项。心理学家认为，在给孩子自由选择的权利时，选择的项目不能超过三个，因为选择项目越多，越会令孩子怅然若失。所以，在让孩子做出选择时，要注意缩小孩子的选项数目。

任何事物都是有尺度的，一旦超过了尺度，取得的效果反而会适得其反。对孩子来说，自由选择也一样。一旦自由没了边界，选择无限大，孩子会觉得自己犹如无边无际的海洋里的一叶孤舟，惶恐而茫然。

最令孩子难过的话是"我是为了你好"

对父母来说，孩子是爱情的结晶，是生命的延续。从孩子诞生起，父母本能地想给孩子最好的，希望孩子有一个美好的未来。也正是这份期望，令父母对孩子的掌控欲越来越重。当孩子抗拒或质疑父母的决定时，父母便会用"我是为了你好"这句话来说服孩子。然而，"我是为了你好"，是真的对孩子好吗？

不可否认，有时候父母口中的"我是为了你好"，确实是为了孩子好。因为，父母作为成年人，有着比孩子多得多的阅历和经验，在某些事上，可以令孩子少走弯路，避免失败。但是，我们也需要面对"我是为了你好"这句话带给孩子的伤害。

想想今年7岁了，他的家庭条件很好，父母关系融洽，按理说，在这样温馨的环境中成长的他，应该很快乐才对。可事实却是他一点也不快乐。这是因为，他的妈妈常常对他说"我是为了你好"这句话。

譬如在不久前，想想家的隔壁搬来了新邻居，是一位女士和她7岁大的儿

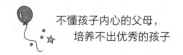

子。想想在小区里并没有同龄的玩伴，这位新搬来的小伙伴的到来立马引起了他的注意，他主动出击，想跟新来的小伙伴做好朋友。

想想会将自己喜欢吃的糖果分享给新来的小伙伴，还会跟对方一起玩自己的玩具。而新来的小伙伴也很友善，他也将好吃的、好玩的分享给想想。就这样，两个同龄的小男孩不知不觉成了好朋友。

然而，在想想的妈妈发现想想和隔壁的孩子走得很近后，她禁止想想再找对方玩。想想怎么也想不明白妈妈为什么不让他和小伙伴玩耍，他生气地质问妈妈原因，妈妈却对他说："我是为了你好。"

原来，妈妈发现隔壁的女士是离异人士，脾气不是很好，有时还会打骂孩子。妈妈觉得在这样的家庭里成长的孩子，性格上一定有缺陷。她担心想想受到不好的影响，才制止想想和新伙伴玩耍。

想想在妈妈的看管下，没有机会再找新伙伴玩耍了。渐渐地，他脸上的笑容也一点点消失不见了，整个人愁眉不展，而性格也越发的孤僻。

成长在离异家庭的孩子就一定有性格上的缺陷吗？想想和新伙伴玩耍就一定会受到不好的影响吗？这一切仅仅是想想妈妈的预想。这些预想没有给想想带来伤害，反倒是妈妈的"我是为了你好"给孩子带来了伤害。

不可否认，父母在对孩子说"我是为了你好"时，初衷的确是为了孩子好。但是，有很多时候，父母的为了孩子好，并不见得对孩子有多好，甚至有时候还会给孩子带来伤害。那么，"我是为了你好"会给孩子带来哪些伤害呢？

首先，会令孩子的情绪低落。当孩子有一个想法，并主动地告诉父母时，他的内心是渴望得到父母的支持和鼓励的，倘若父母以一句"我是为了你好"来扼杀孩子的想法，孩子的内心一定是非常不快乐。

其次，会令孩子散失独立性。孩子的每一个想法，其实就是一次独立的旅程。这个旅程中或许有不快乐，或许是失败，但却能令孩子收获满满的经验。但是，父母如果以"我是为了你好"来阻断孩子旅程，那么只会令孩子失去独立性，成为一个永远长不大的孩子。

如此看来，"我是为了你好"这句话，就像是一颗糖衣炮弹，它看起来很甜，尝第一口时也很甜，但这些甜始终无法磨灭它是一颗炮弹的事实，无法磨灭它终会爆炸的残酷。所以，"我是为了你好"这句话更像是举着为孩子好的旗帜，实际上是在伤害孩子。

有一部电影，男主人翁是一个名叫米格的小男孩。米格很爱音乐，但他的祖母却很不喜欢。这是因为祖母的丈夫为了寻找自己的音乐梦想，他离开了家，抛弃了自己的妻子，这让祖母认为，是音乐毁了她的家庭和幸福。

然而，米格太爱音乐了，他尝试过很多次说服祖母同意他追寻音乐梦，但每一次都没有说服成功。不仅如此，他的祖母还砸坏了他自制的吉他。祖母的所作所为令米格既伤心又愤怒，他觉得这个家庭太冷漠太讨厌了，便在一个夜晚收拾好行李离开了。

后来，米格认识了很多伙伴，并与伙伴进行了一系列的冒险。在最后，他意外地进入了亡灵的世界，而他想要重返人间，必须要得到至亲长辈对他的嘱咐。米格除了祖母外，没有其他亲人，祖母愿意给米格祝福，但她却有一个条件，就是不准再接触一切与音乐有关的东西。

对此，米格难受极了，他不明白祖母为什么要如此倔强地反对他喜爱音乐。祖母说："我是为了你好。"因为，在祖母眼中，音乐是害人的东西，会令家庭破碎，她爱米格，不希望米格被音乐伤害。

米格的祖母爱米格吗？当然是爱的。但是她的爱却是建立在对米格的控

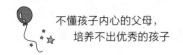
制之上。在现实生活中，有很多父母都与米格的祖母一样，对孩子爱之深责之切，也正是因为爱，才借着"我是为了你好"之名对孩子各种干预和控制。殊不知，你的爱对孩子来说是负担，他们的内心深处是极其抗拒这种爱的方式的。

孩子是父母爱情的结晶，不是父母的物品。作为一个独立体，他们有自己的想法，有自己的决定。我们必须明白，父母可以保护孩子一时，却保护不了他们一世。在需要孩子独当一面时，他们能否适应呢？显然很难。如此可见，我们对孩子的爱成了溺爱，这种爱正在一点点地伤害他们。

在孩子成长的道路上，他们为自己的前路披荆斩棘，才是快乐所在。作为父母的我们，不能剥夺他们的快乐，我们只要做孩子的港湾，做孩子最坚强的后盾便可。

他的低落情绪，你有认真读懂过吗？

很多父母会关心孩子是否吃好穿暖，会关心孩子的学习情况，会关心孩子的是非观、价值观等有没有剑走偏锋……在如此之多的关心中，却唯独漏掉了关心孩子的情绪。这里所说的情绪，不是指孩子外露的情绪，而是孩子隐藏在内心深处的情绪。父母不用心走入孩子的内心深处，又怎么能发现孩子的内心到底快乐不快乐呢？

人都有伪善的一面，有时候对某件事物明明不喜欢，但却能表现出喜欢；有时候内心明明不快乐，但在与人相处时，还是会面露微笑。对于年龄越小的孩子，他们不懂得掩饰自己的真实情绪，开心了会笑，伤心了会哭，令作为父母的我们能一眼看出他们的快乐与伤心。但是，随着孩子年龄的增长，他们会渐渐学会掩饰，不再将自己真实的情绪外露。这个时候已经不能单纯地从孩子的表情去读懂他们的真实情绪了。

成年人在感到不快乐时，会寻找渠道去发泄，而孩子在情绪的调控上，还尚缺了一些。所以，父母如果读不懂孩子的真实情绪，就发现不了他们内心的

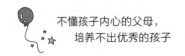
不快乐，更别说引导孩子去发泄那些负面情绪了。当孩子内心积压的负面情绪越来越多，这对他们的成长是极为不利的。

亦心今年9岁，是个乖巧懂事的女孩，成绩也名列前茅，鲜少令爸爸妈妈为她操心。但令大家意外的是，这个外表看上去积极阳光的女孩，却有着严重的抑郁症。亦心的爸爸妈妈发现她的抑郁，源于她的一次自残。

那一天，亦心的学校开家长会。在此之前，妈妈答应亦心自己会去参加。但是，因为突然接到了紧急的工作，让她无法去了。对此，亦心的妈妈很愧疚，所以在亦心出门上学时，她充满歉意地对她说："宝贝，妈妈不能去参加家长会了。"

亦心听后，脸上的笑容收敛了一下，随后又笑着善解人意地说："没关系，妈妈的工作要紧嘛。"

妈妈看到女儿如此的乖巧懂事，不禁将亦心搂在怀里，忍不住对着她的脸蛋亲了一下，嘴上还直夸她，浑然没有发现孩子心里的失落。

妈妈下班回来后，亦心已经回到家在自己的房间写作业了。妈妈为了弥补自己没有去参加家长会的遗憾，特意做了一顿丰盛的菜肴。当她做好饭菜喊孩子吃饭时，她走到孩子卧室，一进门，让她惊讶极了，因为她发现自己的女儿正在自残。

只见亦心手里拿着一枚别针，用针头刮着自己的胳膊，所刮之处，起了一道道血痕。她在看到妈妈后，立马将手和别针背到了椅子后，脸上阴郁的表情立马被开朗的笑容所取代。这一幕令亦心的妈妈差点觉得刚刚那一幕是错觉。

妈妈走到亦心的书桌边，她拉出她的胳膊，掀起袖子，细细一看，胳膊上有许许多多的老旧伤痕。很显然，她的女儿在很久之前就有自残的行为了。当她问亦心为什么要伤害自己时，亦心低着头，沉默不语。

在此之后，妈妈又发现亦心好几次自残的行为，她会扯自己的头发，会捶打自己的腿。在发现她的自残行为越来越严重时，她将孩子带去了医院，去看了心理医生。而医生给妈妈的答案是，外表阳光开朗的亦心，其实内心很不快乐。而她发泄不快乐情绪的方法，就是伤害自己。

孩子是否快乐，与孩子的健康成长有很大的关系。所以，关注孩子内心的真实情绪，每一位父母都有责任，都需要花费心思。那么，我们该怎么读懂孩子内心的真实情绪呢？

通常来说，当一个人内心不快乐时，他或许会在人前表现出快乐，但在人后，会不由自主地展露出自己的真实情绪。所以，我们在解读孩子的情绪时，不要光看孩子在我们面前展露出来的情绪，也要观察他们不面对我们时的情绪。所以，每一位父母都应该在孩子身上多投注几分心思。

此外，从孩子的言行上，我们也能读懂他们的真实情绪。细细观察就会发现，如果孩子的心里不快乐，他们的一言一行也与往常大不相同。譬如在行为上，因为不快乐，所以在做事情时，会显得有气无力，缺乏积极性；在言语上，不快乐会使他们的话语很少，有时候还会情不自禁地叹息。

在孩子的成长过程中，父母除了让孩子吃饱穿暖，也要懂得关注孩子的心灵。在孩子的内心不快乐时，要及时疏导孩子低落的情绪，带给他们快乐。所以，从此刻起，我们要给孩子多点关注，去认真读懂孩子的情绪。

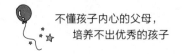

孩子的快乐，有多少是你创造的?

每一位父母都希望自己的孩子能开心快乐地成长，但是，孩子的快乐有多少是你创造出来的呢?

快乐是一种情绪，它不会平白无故的出现，它的产生可能是因为某个人或某个事物。那么，这个给他带来快乐的人是你吗? 这个给他带来快乐的事物与你有关吗? 如果没有，只能说明你与孩子之间还存在着一条鸿沟。

有这么一则童话故事，说的是一个小王子和一个穷小子的故事:

小王子生活在皇宫，他有穿不尽的华服，吃不完的美味佳肴，但是无忧无虑的生活并没有让他感到快乐，反而还常常使他闷闷不乐。穷小子出生在一个非常贫穷的家庭，从小到大，他穿的衣服都打满了补丁，吃的也是清汤寡水。尽管生活如此艰难，但他依然开心乐观。

有一天，小王子和穷小子相遇了，小王子羡慕穷小子的快乐，而穷小子羡慕小王子的华服美食。当小王子提出与穷小子互换生活时，穷小子鬼迷心窍地答应了。在巫婆的魔法下，两人互换了人生。

小王子来到了穷小子的家庭，在最初的时候，他因为没有华丽的衣服、没有丰富美味的食物、没有佣人等感到很不习惯，但渐渐地，他发现在生活中没有人管束，身边有许多真诚的小伙伴，当他学会了对物质的满足后，他渐渐体会到穷小子的快乐，那是一种由内而发的快乐。

穷小子来到了王宫后，美丽的衣服、丰盛的食物、随叫随到的佣人，这些令他感到前所未有的开心。他甚至还嘲笑王子傻，竟愿意舍弃王子这个身份。但一段时间后，他就被王宫里的规矩、身为一名王子的日常作息等等压得喘不过气来。即使他穿着天底下最华丽的衣服，吃着世间最美味的食物，他也感觉不到快乐。所以，他无比怀念过去的生活，因为他渐渐明白，过去的生活能使他感受到什么是真正的快乐。

绝大多数的父母会觉得自己有给孩子创造快乐，譬如给孩子买好吃的，给孩子买好玩的。不可否认，物质上的满足确实能为孩子带来快乐。但是这种快乐是短暂的，是空虚的，就像海市蜃楼一般。一旦孩子对好吃的、好玩的失去了兴趣，那么他内心的不快乐就会被无限放大，对快乐也有着前所未有的渴望。

因此，真正的快乐不是给予孩子物质上的满足，而是应该给予他们精神上的满足。只有孩子的精神上是快乐的，他们才会一直快乐下去。

那么，父母具体该如何为孩子创造快乐呢？在此之前，我们不妨看看小雨的妈妈是怎么做的。

小雨今年7岁，她的妈妈性格强势，因为与丈夫性格不合，两人离婚了。而小雨的抚养权落在了妈妈的手中，这些年一直和妈妈生活在一起。

小雨的妈妈是个非常要强的女人，她想向别人证明，即使她离婚了，也可以给孩子好的生活。所以，这些年她拼了命的工作。既然有付出，那么就会有

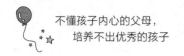
回报，她的收入一年比一年高。在衣食住行上，她也给小雨最好的。

很多人会觉得，小雨生活优越，一定非常快乐。但事实上，她一点也不开心。到后来，妈妈给她买再好再贵的东西，她的内心也感觉不到丝毫的快乐。渐渐地，小雨变得沉默寡言，她的脸上再也没有浮现出一丝笑容。

小雨的妈妈发现小雨的异常后，恍然醒悟自己这么多年只顾着赚钱，忽略了陪伴孩子。为了让小雨重新快乐起来，她减少了工作量，开始陪伴孩子。

小雨的妈妈会亲手给小雨做吃的，有时候还会让小雨来帮忙；每天吃过晚饭后，她会和小雨看一会儿她喜欢的电视节目；每天睡觉前，小雨妈妈会给小雨讲晚安故事；在周末的时候，她会带小雨出去踏青……在妈妈的陪伴下，小雨脸上的笑容越来越多，任谁都能感受到她的内心是快乐的。

可见，我们给孩子创造快乐时，既要满足孩子的物质需求，又要满足孩子的精神需求。在物质需求上，并不是说没有尺度地去满足，而是要把握好尺度。因为，一旦突破了尺度，带给孩子的不再是快乐，而是灾难。在精神上，父母要给予孩子陪伴，譬如可以与孩子说说心里话，可以陪孩子做他感兴趣的事，可以带孩子外出游玩，等等。

只有父母用心地为孩子制造快乐，孩子才能真正地快乐起来。当看到孩子露出灿烂的笑容时，你会发现你的付出是值得的。

第 3 章
所有的神奇，从接纳孩子的那刻发生

　　父母都渴望自己的孩子是优秀的，是完美无瑕的。但这些渴望注定无法实现。因为，每个孩子的身上都有这样的缺点，那样的遗憾。可是，也正是这些不完美，才塑造出每一个独一无二的孩子。作为父母的我们，应该要试着接纳孩子的不完美，这时，你会发现，孩子有着自己的神奇之处。

知道孩子真正想要成为的样子

父母都期望自己的孩子成为人中龙凤，希望他们有一个美好的未来。所以，从孩子懵懂之际，就开始培养他们，上各种各样的特长班、补习班。这样做的后果是孩子累得喘不过气来，家长也忙得像个陀螺。更加残酷的是，在孩子身上投入了那么多的时间、精力、金钱，孩子却没有成为我们想要的样子。

我们想要孩子成为什么样的呢？想要他们学习成绩优异，想要他们多才多艺，想要他们性格外向健谈，想要他们品德高尚等等。但很多时候都是事与愿违，孩子的才艺学得一般般，成绩马马虎虎，性格内向孤僻，品德也没有多出彩。

孩子为什么没有成为我们想要的样子呢？这是因为我们没有真正知道孩子想要成为的样子。这就好比是一次旅行，如果目的地不是我们想要去的地方，我们就会兴致缺缺，没有动力抵达终点。如果目的地是我们想去的地方，我们才会格外留意沿途的风景，对目的地也有着前所未有的期待。同样的，如果让孩子按照我们期待的模样成长，孩子会心生抗拒，效果甚微，倘若知道孩子

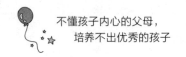

想要成为的模样，我们在沿途中加以辅佐，孩子长大后的样子也会令我们感到欣慰。

大双和小双是一对双胞胎姐妹，在她们很小的时候，父母因为感情不和离婚了，之后大双跟着妈妈生活，而小双跟着爸爸生活。

就这样，这对双胞胎长到了9岁，姐姐大双成绩偏下，学习的才艺也不出色，而妹妹小双的成绩却很好，学习的才艺常常获奖。为什么这对双胞胎姐妹有如此之大的差异呢？原因是，姐姐大双活成了妈妈想要成为的样子，而妹妹小双活成了自己想要成为的样子。

在学习上，妈妈希望大双是一名品学兼优的孩子，所以除了正常的上课，她又给大双报了许多的补习班。每天放学后，大双都要去补习班补习，从周一到周末没有一天缺席。然而，这样高强度的学习不仅没有令大双的成绩提升，反而让她的成绩越来越差。在特长上，妈妈觉得学习舞蹈可以塑形和培养气质，于是就让大双去学，但学了几年，肢体依然不协调，很显然，大双没有跳舞的天赋。

反观小双，爸爸虽然对她也有所期望，但最终还是选择尊重孩子，让她自由发展。在学习上，爸爸发现小双很抗拒补习班，便没给她报补习班。但为了让孩子有一个好的学习成绩，他格外关注小双的学习方法，培养她的学习习惯。在特长上，爸爸没有强求她学习他中意的特长，而是询问小双想要学什么。小双对围棋很感兴趣，他就送她去学习围棋。正是因为感兴趣，才让她的棋艺越来越高，因此获得了大大小小很多个奖项。

可见，让孩子按照我们想要的模样成长，他不仅不能成为我们想要的样子，还会与我们想要的模样背驰而行，并且渐行渐远，反倒是让孩子按照他自己想要的模样成长，再由父母掌控大局，孩子长成的模样也是我们想要的模样。

其实，父母想要将孩子培养成自己期待的样子，这不难理解的。因为很多时候父母所期待孩子成为的样子，正是父母的遗憾。

作为父母的你不妨扪心自问一番，你所期望孩子未来从事的职业，你所期望孩子掌握的才艺，等等，这些是不是你曾经的梦想呢？正是因为自己的梦想无法实现，所以希望孩子代替你去实现。但是你需要明白的是，那是你的梦想，不是孩子的梦想。那是你所期待的样子，不是孩子所期待的样子。

我们不妨换位思考一下，当他人要求我们按照他的生活方式来生活，我们一定会感到拘束压抑，如果按照自己的生活方式去生活，就会觉得轻松自在。对孩子来说，你的梦想于他而言就是拘束和压抑，而属于他自己的梦想才是轻松和自在。作为父母，我们不该让孩子成为我们手中的提线木偶，应该尊重孩子，接纳孩子，让孩子按照他想要成为的样子成长。

那么，如何才能知道孩子想要成为的样子呢？答案就是聆听孩子的想法。我们需要明白，孩子虽然是父母生命的延续，但他们也是一个独立的个体。作为一个独立的个体，他拥有自己的想法。父母只要耐心的聆听孩子的想法，就能获知他们想要成为的样子。

在得知孩子的想法后，我们要尊重孩子的想法，试着接纳孩子的想法。孩子的这些想法，在成熟的父母眼中，可能会显得滑稽可笑，可能会显得不切实际，可能执行起来会注定失败，但这都不是扼杀孩子想法的理由。要知道，失败能够让孩子总结经验，而这些经验是孩子未来成长道路上的宝贵财富。有了这些，孩子才能变得更好。

譬如阿姆斯特朗，他是登月第一人。在他小的时候，就对宇宙产生了浓厚的兴趣，并希望自己有一天能登陆太空。在他人看来，他的想法无疑是不切实

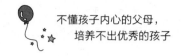
际的，甚至有些大人在听到他离谱的想法后，劝说他的母亲管一管他。但阿姆斯特朗的母亲并不在意，她反而为儿子天马行空的想法感到自豪。

阿姆斯特朗的母亲尊重孩子，让阿姆斯特朗按照他想要成为的样子成长。所以，她支持阿姆斯特朗的太空梦，并在精神上、物质上给予他鼓励。也正是因为母亲的支持，阿姆斯特朗实现了自己的梦想，成了第一个登陆月球的人，活成了他想要成为的模样。

或许，孩子所成为的样子与我们所期待的样子相差甚远，但只要在孩子想法的基础上引导他们向正确的方向前行，同样可以成为一个优秀的人。所以，想要孩子变优秀，就必须接纳孩子，主动获知孩子真正想要成为的样子。

好的，不好的，都是独一无二！

　　人出于本能，会不由自主地偏爱美好的事物。而在与某个人、某个事物接触时，大脑就像是电脑一般，能快速地分析出其好的一面和不好的一面。对于好的一面，会心生喜爱，对于不好的一面，则会抗拒、厌恶。正是因为这样的本性，导致许多父母在与孩子相处时，难以接纳孩子不好的一面。

　　那么，在面对孩子不好的一面时，父母都是怎么做的呢？可以说，绝大多数父母都会用言语批评或指责孩子不好的一面，并勒令孩子改正。在这个过程中，孩子会改正，但与此同时，他们的心灵会受到暴击，受到伤害。

　　昊昊今年6岁，是个活泼的小男孩。在他人看来，男孩活泼点好，这样会惹人喜爱。但对昊昊的妈妈来说，昊昊的活泼实在过了头，让她觉得很闹腾。就拿今天来说，昊昊妈妈因为昊昊的闹腾，已经批评他好几次了。

　　昊昊的妈妈是一名时尚主编，这一天杂志社的编辑带着选题来到了昊昊家，与昊昊妈妈在客厅商谈工作上的事情。而昊昊也在客厅的一角玩自己的玩具。

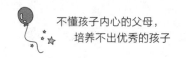
昊昊妈妈为什么不与同事去书房商谈呢？是因为她不放心孩子不在眼前。所以不可避免的，她与同事商谈了还没3分钟，昊昊就闹腾了起来。只见昊昊手上举着玩具飞机，来回在客厅里奔跑，嘴里还模拟着飞机飞行的声音。

昊昊的脚步声、话语声，以及四处乱窜的身影，都让昊昊妈妈无法集中精神商谈工作。最终，她忍不住呵斥昊昊："昊昊，你能不能安静一点？你没看到妈妈在工作吗？"

妈妈的呵斥让昊昊有些委屈，他放下手上的飞机，回到客厅的一角安静地玩自己的玩具。然而，孩子的忘性很大，没过一会儿，他就忘记妈妈的话了。他拿起了他的小皮球，拍个不停。"啪啪啪"的声响令昊昊的妈妈心烦意乱，脑袋里一片混乱，她忍不住再次呵斥昊昊："昊昊，妈妈说的话你听不懂吗？你能不能安静点？不要再打扰妈妈工作了！"

昊昊听后，放下手上的皮球，他圆溜溜的大眼睛里蓄满了泪水。杂志社的编辑见状，不由安慰起昊昊。她对昊昊说："昊昊乖，你很想我们陪你玩对不对？可以哟！不过，要等妈妈和阿姨谈完了才行。如果你能够保持安静，我们很快就能谈完。"

昊昊一听，立马保证自己会安静。

就这样，一直到昊昊妈妈与下属谈完，昊昊都没有发出大声响。昊昊妈妈不禁佩服起同事，说她哄孩子有一套。

对方却摇了摇头，笑着说："我并没有哄孩子，我能让昊昊保持安静，是因为我接纳了他的不安静。在教育孩子上，我们想要纠正孩子不好的地方，得先学会接纳他不好的地方。只有这样，孩子才会心甘情愿地去改正。"

一本好书，书中的人物必然是个性分明，形象饱满的，而这些个性鲜明的人物会在我们的心中留下深刻的印象，令我们感触甚多。再仔细观察这些个性鲜明的虚拟人物，会发现作者在描写他们的笔墨中，有优点有缺点，而这正是好的一面和不好的一面。

在现实当中，也正是因为好的一面和不好的一面，才塑造出独特的我们。所以，对孩子来说，他们好的和不好的，其实都是独一无二的。倘若父母只接纳他们好的一面，不接纳他们不好的一面，孩子又怎么能在父母的心里留下完整的一面呢？对孩子来说，在看到父母对他们不好的一面产生厌恶和抗拒的情绪时，他们的内心会很受伤，严重点会陷入自我怀疑中，而这对孩子心灵的健康成长很不利。

可能很多父母会迷茫，接纳孩子坏的一面，是不是意味着要放任孩子的不好，纵容孩子的不好？当然不是。作为父母，在发现孩子有不好的地方，自然要引导其改正。但引导孩子改正的方式并不一定要抗拒孩子不好的地方，我们可以先接纳孩子的不好，然后引导其改正。如此就会发现，接纳孩子后取得的教育效果是非常理想的。

那么，我们该如何接纳孩子不好的地方呢？

我们要学会转变心态。俗话说："金无足赤，人无完人。"完美的人只存在于理想之中，而现实中的人都是不完美的。所以，每个人身上都会有好的地方和不好的地方。在与孩子相处时，我们要学会转变心态，不要将完美心理落实在孩子的身上。孩子因为不完美，才会显得独特而真实。

我们可以换个角度去看待孩子的不好。一千个读者就有一千个哈姆雷特，这是因为所站的角度不同，才有不同的解读。当看到孩子身上的不好时，如果能换一个角度去看待，就会发现你所认为的孩子身上的不好，其实没什么大不了的。学会换个角度去看待孩子的不好，其实也是接纳孩子不好的一种方式。

我们要懂得寻找孩子身上的闪光点。每一位父母都对孩子抱有很高的期

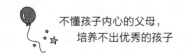
望，希望孩子的未来很美好。所以在孩子的成长过程中，会对孩子有很高的要求。也正是因为这些期望，令很多父母只将目光放在了孩子的缺点上，忽略了孩子身上的优点。所以，想要学会接纳孩子的不好，就要先学会寻找孩子身上的闪光点。当你意识到孩子的闪光点足够多，就不会对孩子不好的地方紧抓着不放了。

最后，作为父母的我们要与孩子共同成长。所以，当我们有不好的或做得不对的地方时，要敢于在孩子的面前承认自己的不足，并主动去改正。这样，孩子才会以父母为榜样，变得敢于认识不好的一面，并加以改正，让自己变得更好。

快乐的，不快乐的，他说你都听

当一个人和情绪愉悦的人在一起时，莫名的也会感到开心；当一个人和情绪沮丧的人在一起时，也会变得悲观忧伤。可见，情绪很神奇，它能将人同化。也因此，很多人内心抗拒与多愁善感的人接触。作为父母，当你与孩子相处时，你会抗拒倾听孩子诉说他内心的不快乐吗？

可以肯定地说，绝大多数父母还是愿意聆听孩子的不快乐的，但是，一旦聆听的行为与自己的时间和情绪产生冲突时，就会抗拒聆听。譬如，当父母陷入繁忙的工作中时，会忽略孩子的不快乐，更别说是聆听了；当父母的情绪低落时，会抗拒孩子向自己诉说不快乐。

然而，时间紧迫，自我情绪低落并不是我们逃避聆听孩子不快乐的理由。要知道，除了孩子内心的不快乐在侵蚀孩子的心理健康外，父母的逃避会让孩子本就受伤的心灵雪上加霜。相反，如果父母能够接纳孩子的不快乐，并主动去聆听，孩子的心灵将会健康茁壮地成长。

亮亮今年8岁，他从小就在爷爷奶奶身边长大，而他的爸爸妈妈则在很远

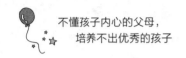

的城市打拼。就在这一年，亮亮的爸爸妈妈在城市买了房，为了让亮亮有一个好的教育，他们将亮亮从偏远的小山村接到了身边。

亮亮虽然跟在爷爷奶奶身边长大，但是性格十分开朗，也不怕生。在入学第一天，他就主动和同学们说话。可是，他的普通话说得很不好，带有浓浓的方言，让班里的同学都听不懂。所以，大家都不愿意和他玩。

为此，亮亮很沮丧，脸上的笑容也越来越少。亮亮的爸爸妈妈发现亮亮不爱说话后，就问亮亮是不是在学习上遇到了困难。听到亮亮说没有后，他们便没再多问。而亮亮的内心是希望爸爸妈妈能多问问他的，因为他想向他们诉说内心的不快乐。

时间一晃到了暑假。亮亮的爸爸妈妈为了让亮亮的学习能更好，他们将亮亮送去了补习班。每天连轴的学习，没有一点玩耍的时间，这令亮亮非常压抑。但他明白，父母这么做是为了他好。所以，即使他内心不快乐，也没有告诉父母，而他的父母也没有发现他的日渐沉默。

在暑假期间还发生了一件事，那就是远在老家的爷爷奶奶给亮亮打来电话，他们想亮亮了，想让亮亮回老家住几天。亮亮除了想爷爷奶奶外，还想念自己的小伙伴。为此，亮亮好几次问爸爸妈妈回不回老家。可每次爸爸妈妈给他的回答都是没有时间。亮亮看到父母的繁忙后，也不再开口了。

就这样，仅仅半年的时间，亮亮就从一个性格活泼开朗、学习成绩很优秀的小男孩变成了一个性格孤僻、学习差的孩子。父母在发现他的变化后，才慎重起来，他们找寻亮亮变化的原因，聆听他内心的不快乐。

神奇的是，当父母学会接纳亮亮的不快乐后，亮亮的性格渐渐转变了回来，学习成绩也在不断地提升。可见，所有的神奇，都是从接纳孩子的那一刻开始的。

很多人都会有这样的感受，当心里不快乐时，状态会很不好，做什么事都没有效率。同样的，当孩子不快乐时，他做任何事也都会兴致缺缺。倘若能够发泄掉不快乐，好的状态又会恢复过来。所以，当你发现孩子不快乐时，一定要懂得接纳他的不快乐。父母的接纳对孩子来说就像是一瓶魔法药剂，能够让他瞬间满血复活。

在接纳孩子的不快乐时，父母需要做到这几点：

首先，观察孩子，善于发现孩子的不快乐。随着孩子渐渐长大，他们的心思会内敛起来，有时候遇到不开心的事，也不愿对父母说。这个时候，父母应该多观察孩子，善于发现孩子的不快乐。对此，我们可以从孩子的言行上观察，当孩子变得沉闷、不爱说话，或是做事心不在焉时，都有可能表明他的内心是不快乐的。

其次，要认真聆听孩子的不快乐。我们能从孩子的表现上发现其内心的不快乐，但是却鲜少能从其表现上知道他为什么不快乐。而我们想要引导孩子走出不快乐，或是发泄不快乐，都要知道他们不快乐的原因。所以，接纳孩子不快乐的关键，就是要聆听孩子的不快乐。

需要注意的是，在孩子不愿意吐露不快乐的原因时，父母要耐心地引导，在孩子诉说不快乐的过程中，父母要专心聆听，其间也要适时地给予孩子回应。当孩子感受到了父母的关心，他们才会在下一次不快乐时主动地诉说内心的不快。

最后，父母要帮助孩子走出不快乐情绪的困扰。为此，可以从孩子不快乐的根源上去解决。如果根源上解决不了，可以转移孩子的注意力，将孩子的注意力转移到令他开心的事上。同时，带孩子外出游玩，进行一些如登山、游泳这类的运动，也能有效地发泄孩子的不快乐。

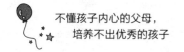
　　孩子的人生就像是一场长跑，当孩子的速度越来越慢时，父母要及时地查看孩子的身上是否有拖累他的包袱。如果有，要及时地帮助孩子清理掉。如此，孩子才会在人生的道路上稳健前行。

小看孩子，所以被孩子拒之门外

很多父母都会犯一个错误，就是小看孩子。别急着否认，先看看自己是否有以下这些行为：

鲜少或从来不问孩子的想法和意见；

会不由自主地去做原本属于孩子该做的事；

孩子在做一件事情时，总觉得他会做不好；

当孩子主动帮忙时，总会拒绝他；

孩子出门在外，会觉得他状况百出，很不放心；

……

但凡有以上这些行为，其实都能表明，作为父母的你打心底里是小看孩子的，否则为什么不问问他的想法和意见呢？为什么不相信他能将事情做好呢？为什么不相信他的独立能力呢？归根究底还是对他们的能力有所质疑。

那么，父母为什么会小看孩子呢？主要有两个原因，一个是父母对孩子的宠爱，一个是看重孩子与成年人之间的各种差距。

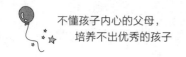
从孩子出生起，父母就对其倾注了满腔的爱意，小心呵护着孩子的成长。哪怕孩子不是嗷嗷待哺的婴儿，不是蹒跚学步的孩童，哪怕他已经长得比父母还要高还要壮，但在父母的眼里，孩子依然是个孩子。也正是因为对孩子的爱，才忘记了将孩子放置在与自己同等的位置，从而小看了他们。

在父母眼里，自己走过的路要比孩子长，经历的事要比孩子多，经验要比孩子丰富。而经验也是能做好一件事的关键。所以，仗着自己的经验多于孩子，继而小看孩子。此外，孩子的体力、身高也与成年人相差很多，这就令父母更加小看了孩子。

孩子年龄小，是我们小看他们的理由吗？当然不是。陶行知先生曾经写过一首《小孩不小歌》，其中有句歌词说："人人都说小孩小，谁知人小心不小。你若小看小孩子，便比小孩还要小。"可见，孩子并不能小看，小看了孩子，就会被孩子拒之门外，小看了孩子，就很难发现孩子的独特之处。

岩岩今年7岁，在妈妈眼里，他是一个孩子。所以，她从来不会聆听岩岩的想法，也不相信岩岩能将一件事做好。哪怕岩岩将事情做好了，她也觉得是岩岩运气好。说到底，岩岩的妈妈打心底是看不起孩子的。

有一回，妈妈接岩岩放学回家。在路过一个小公园时，两人碰到一个哭闹不停的小女孩。岩岩的妈妈是个内心柔软的人，看到小女孩哭个不停后，立马带着岩岩走了过去，问小女孩为什么哭。小女孩说，她和妈妈走散了。

妈妈询问小女孩家人的电话号码是多少，家住在哪儿，但小女孩的年纪太小了，根本回答不上来。无可奈何之下，岩岩妈妈便选择了报警。

岩岩妈妈想将小女孩送去最近的警察局，但岩岩却反对，他认为该在原地报警，等警察来。原因是他觉得小女孩是和家人来公园玩耍的，应该是在玩耍的过程中走丢的。待在原地的话，没准小女孩的父母就能找来，而将小女孩送去警察局，会对小女孩的父母找到她造成一定的困难。

对于岩岩的话，妈妈并没有放在心上，她还是选择将小女孩送去了警局。在第二天的时候，岩岩的妈妈主动打电话到警察局，询问小女孩是否找到了家人。警察回答说找到了，并告知岩岩妈妈，小女孩是和她的妈妈在公园里玩耍时走散的，在他们刚离开小女孩走失的地方，小女孩的妈妈就找来了。

至此，妈妈才后悔没有听岩岩的想法。不过，也正是因为这件事，让她意识到自己不能再小看孩子的想法。当她尝试不小看孩子时，她发现自己的孩子其实是一个宝藏男孩。

有一天，天上下着淅淅沥沥的小雨，妈妈撑着伞，带着岩岩回小区。在路过一个雨棚时，两人听到了小奶猫的叫声。"喵喵喵"地叫着好可怜。妈妈和岩岩找了好久，才发现小猫原来在雨棚上。

妈妈和岩岩想不通小奶猫是怎么到雨棚上的，想不通便不再想，因为当下最重要的是将小奶猫从雨棚上救下来，因为小奶猫已经冻得瑟瑟发抖了。然而，雨棚太高了，妈妈根本够不着。情急之下，妈妈伸出了双手，她将双手捧在一起，嘴里对小奶猫说跳到她的手上来，她会接住它。小奶猫似乎听懂了，它走到了雨棚的边缘，摆出了跳跃的姿势。但是因为害怕，一直犹豫不决。

岩岩看到被妈妈搁置在一旁的雨伞，灵机一动，他对妈妈说他有办法。这次，妈妈没有觉得他在捣乱，而是选择听一听他的想法。岩岩说，他们可以撑开雨伞，这样小奶猫就能跳进雨伞里。

妈妈听从了岩岩的建议，果然，小奶猫不再害怕，它勇敢地跳进了雨伞里。由此之后，妈妈再也不小看岩岩了。

意大利著名的儿童教育学家玛利娅·蒙台梭利曾经说过："每个孩子的身上都具有一种神性，即智慧和精神力量。"很多时候，在父母的双眼被黑暗所

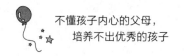
蒙蔽时，孩子却能看到光明，找到正确的方向。

　　孩子虽然小，但是有时候，他们的想法和能力一点也不小。他们就像一棵苗壮成长的小树苗，可以顶破坚固的土地，可以顶开顽固的石头。作为父母，我们决不能小看孩子，应该要接纳孩子。

　　父母要想不小看孩子，首先就要做到不把孩子当孩子看。这一点，对许多父母来说很难，毕竟每个孩子都是父母从小呵护的。但是，只有转变了这个观念，才能做到将孩子放置在与自己同等的位置。

　　当父母学会正视孩子后，其次要做的就是给予孩子机会。这个机会，可以是听一听孩子的想法，试着放手让孩子自己去做。渐渐地，你会发现孩子的身上有着无数的不可思议。

孩子不是你的缩小版，他只是他自己

孩子的存在，对父母来说，是其生命的延续。从孩子诞生在这个世界起，不少父母会有"这个孩子是属于我的"想法。这种将孩子当作自己所有物的想法，令父母不可避免地产生了超强的掌控欲，即掌控着孩子按照自己的意愿生活。但是，孩子不是我们的缩小版，他只是他自己。

那么，父母令孩子按照自己的意志成长，会对他们造成怎样的影响呢？

在性格上，孩子的性格会发展成两个极端，一个是顺从，一个是偏激。从心理学上来说，性格的形成少部分是先天原因，大部分是后天原因，也就是与孩子所处的环境有关。在一个家庭中，父母的性格过于强势，掌控欲强，孩子的性格会逐渐变得没有棱角，最终发展为顺从型性格，未来会成为不懂得拒绝的老好人。

孩子会形成偏激的性格，是因为父母的强势让其感到了压抑。因为，当一个人长久被压得喘不过气来，会不由自主地去反抗。尤其是当孩子处于青春期的叛逆期时，他们的偏激会越发严重，会和父母对着干，甚至是做出无法挽回

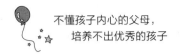
不需要对比，孩子，你就是最棒的

很多父母有这样一个通病：喜欢将自己的孩子和别人家的孩子做比较。在比较时，如果自己的孩子比其他孩子优秀，会很得意，产生优越感，而一旦自己的孩子比不过其他的孩子，就会很失落，继而对孩子严厉，鞭策孩子在某方面追上比他好的孩子。父母为什么喜欢拿自己的孩子与其他孩子做比较？主要有两个原因：

首先，父母没有接纳孩子。我们会有这样一个感触，当对一个人的能力足够肯定时，是不会做出或不屑做出将其与他人做比较的举动的。同样的，父母如果真正地接纳了孩子，就不会做出将其与他人比较的举动，只有不曾接纳，才会去比较，哪怕比较的初衷是建立在孩子必赢的基础之上。

其次，比较是中国人的通病。仔细观察会发现，很多人都有与人比较的陋习，譬如比较薪酬，比较房子汽车，比较衣服饰品，等等，等有了孩子之后，这股比较之风又会蔓延到孩子的身上去，拿孩子的学习成绩、特长、能力等来做对较。

拿孩子来做比较，父母获得的是虚荣心，但对孩子来说，他们获得的却是无尽的灾难。那么，拿孩子做比较，会给孩子带来哪些伤害呢？在此之前，我们先来看看小元宵身上发生的故事。

小元宵今年9岁，是个非常漂亮的小女孩。然而，小元宵没有她这个年龄该有的快乐和纯真，她每天都表现得闷闷不乐，心事重重。她会变成这样，其实与她妈妈习惯拿她与其他小朋友比较有很大的关系。

譬如，小元宵从小就学习舞蹈，在舞蹈上颇有天赋，参加的比赛几乎都获得了不错的名次，而这也成了妈妈将小元宵与其他孩子做比较的资本。

有一回，小元宵家的隔壁搬来了一位新邻居，新邻居有一个女儿，和小元宵同岁。更巧合的是，新邻居的女儿也在学习舞蹈。有一天，妈妈带着小元宵乘坐电梯，恰巧碰到了新邻居和她的女儿。

小元宵的妈妈和新邻居聊着聊着，就聊到了孩子身上。她非常自豪地告诉新邻居，自己的女儿小元宵舞蹈跳得非常棒，并且获得了很多的奖项。新邻居听完后，笑着说自己的女儿也参加了。小元宵的妈妈便问新邻居的女儿有没有获奖，新邻居说获奖了，而且获得的是比小元宵更好的奖项。

小元宵的妈妈见自己的女儿不如对方的女儿，既尴尬又气愤。而她也将这股负面的情绪发泄到了小元宵的身上。她当场勒令小元宵，让她以后加倍练习，努力追赶上新邻居的女儿。而小元宵在听完妈妈的话后，立马羞红了脸，低着头不敢说话。

为了追赶上新邻居的女儿，小元宵每天都会多练几个小时的舞蹈。因为练习舞蹈花费了太多的时间，导致她的学习成绩一落千丈。妈妈看她的学习成绩也比不上别人，对她更加严厉了。

在这样的成长环境里，渐渐地，小元宵变得沉默寡言，脸上不见丝毫笑容。

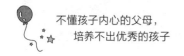
从小元宵的故事中，我们可以看到，盲目地比较会让孩子的性格往不好的方向发展。在与他人做比较时，如果一直处于下方，会让孩子的性格变得内向、孤僻。有研究表明，当孩子的年龄越小时，比较会令他们产生巨大的心理压力，会变得敏感多疑。如果与他人做比较时，孩子一直处于上方，孩子就会变得骄傲、虚荣心强。

此外，经常拿孩子做比较，会令孩子的眼界变窄。孩子的思维是广阔的，想象是天马行空的，父母不将孩子做比较，其实就是不为他们的眼界划界线，而一旦将孩子作为比较的工具，孩子的眼界只会落在与其比较的人的身上。这对孩子的成长和未来，都是极其不利的。

俗话说："人外有人，天外有天。"父母经常拿孩子作为比较的工具，总有一天会遇到一个比自己孩子更加优异的孩子。作为父母，只有完全的接纳孩子，不拿孩子做比较，做攀比，孩子才会发挥出他的潜能。

为此，我们要学会用欣赏的眼光去看待孩子，相信自己的孩子是最好的。在生活中，要对孩子多一点鼓励，少一点批评，让孩子明白父母是他强有力的后盾。如此，他才会有信心继续前行，为他精彩的人生而奋斗。

别人家的好孩子，真的不是管出来的

"你家孩子怎么教得这么好？"

"你平时是怎么管教孩子的？"

……

每当看到别人家优秀的孩子时，不少父母在羡慕之余会积极"取经"。可我要说，教育孩子不是管教孩子，那些别人家的好孩子，真的不是管出来的。你越是对孩子严加管教，孩子就越喜欢与你对着干；你越是事事都不让孩子做，孩子就越不听话；你越是限制孩子，就越管不住孩子。

为什么父母对孩子管得越严，孩子的叛逆心理就越严重呢？试想，有谁愿意自己的自由被限制、权利被剥夺、意愿被违背呢？没有人。所以，即使孩子明知道你是为了他好，也不会心甘情愿地接受你的管制。

小天是一名12岁的学生，即将面临小升初的考试。小天父母觉得这是孩子最为关键的时刻，若是不能考入重点中学，那之后孩子就无法进入重点高中、重点大学，未来的人生恐怕也会受到影响。

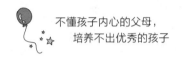
于是，为了让小天的学习成绩更上一层楼，小天父母开始对他实行了更为严格的管教——制定了严格的学习计划：每天早上5点半起床背英语，早饭后阅读半个小时；晚上9点前必须写完作业，之后是做父母给买的练习题；周末上数学、英语、作文补习班。

除此之外，小天父母还要求他放学必须马上回家，不得在外面逗留；周末不能和朋友出去玩，不能看手机、玩游戏……一旦小天没有按照学习计划去做，或是违背了父母的意愿，就会受到惩罚——罚站或是写检查。

在父母的严加管教下，小天的成绩确实有所提升，在期中考试中获得了全年级第五名的好成绩。如此一来，父母便觉得自己的方法是正确的，逢人就说："孩子就应该好好管，否则就不可能有出息。"

殊不知在这个过程中，小天的内心已经背负着极大的压力，虽然他不敢直接反抗父母，却开始用消极的方式来发泄不满——放学故意不回家，偷偷与同学到外面玩；上课不认真听讲，不按时完成作业；补习班睡觉、逃课。

当父母发现小天的异常之后，不仅没有与孩子耐心地交流，反而武断地批评孩子"不听话""变坏了"，进而对孩子实施了更为严格的管教。结果可想而知，小天彻底叛逆起来，宁愿被父母打骂也不再愿意学习。小天父母感到束手无策，不知道为什么之前"乖巧的好孩子"变成"叛逆的坏孩子"。

对于小天的变化，我们真的不能怪孩子，要怪只能怪他的父母。想想看，孩子是一个独立的个体，有着自己的思维方式，渴望自由的空间和独立的权利。可父母却不懂这一点，把孩子管得严严的，不仅让他失去了身体的自由，更剥夺了他心灵上的自由，如此一来，孩子怎么能不反抗？

再看看我们身边，那些严厉的父母教出的孩子是不是有类似的性格和心理特征：性格叛逆、不听话、脾气大；没有自信，不敢为自己做主；没有主见，习惯屈服别人；不敢尝试，害怕失败；常常感到孤独和寂寞，不敢与别人交朋友……这样性格的心理特征，孩子如何能有作为和出息？

蒙台梭利曾经说过："任何教育活动，如果对幼儿教育有效，那么就必须帮助儿童在独立的道路上前进。谁若不能独立，谁就谈不上自由。因此，必须引导儿童个体自由的最初的积极表现，使儿童可能通过这种活动走向独立。"

作为父母，我们都需要明白一个道理：父母的责任是教育孩子，而不是管制孩子。不能把孩子管成你想要的样子，而是应该给孩子充分的自由，让他们释放自己的天性，变成一个独立、自主、自信、自觉的孩子。

如此，孩子才能自然而然地配合你，与你的预期目标越来越近。

第4章
好的教育不是战斗，而是春风化雨

　　残酷的战争需要战斗，需要分出胜利与失败。但教育孩子的过程不是战斗，不需要分出输与赢。因为，对孩子实施战斗式的教育，哪怕过程再成功，结局都会以失败而告终。好的教育不是战斗，而是春风化雨地去感动孩子，引导孩子，鼓励孩子。

本来不是问题的事情，被吼成了问题

孩子，无疑是屡教不改的代名词。因为他们在同一个错误上，会经常犯，仿佛是走入了死胡同里出不来，也因此，令作为父母的我们要无数次地去为他们纠正。然而，成年人在重复同一件事很多次时，不可避免会出现疲惫感，情绪会变得很糟糕。这时候，父母发泄情绪的方式，就是对孩子吼。

此刻，我们不妨自省一下，在孩子犯错误时，你是否会因为不耐烦而吼孩子？如果有，那么你的方式解决问题了吗？当然没有解决。不仅没有解决，大吼大叫还会令孩子身上本来不是问题的事情，被吼成了问题。

首先，在性格上，父母的吼叫会令孩子的性格朝两个方向发展，一个是变得暴躁、偏激，一个是变得胆小懦弱。

孩子性格的形成与所处的环境有关，当父母经常在孩子面前大吼大叫，表现出暴躁的一面时，孩子会受到影响，久而久之，性格也会变得暴躁、偏激。此外，父母的吼叫也是展现自我强势一面的方式之一，在这样的环境下，孩子会变得胆小懦弱，当孩子思考"经常对我大吼大叫的父母是否爱我"这个问题

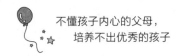
时，他的性格又会变得内向、孤僻、敏感。

其次，父母经常性的大吼，会令孩子渐渐麻木，继而更加肆无忌惮地去犯错。

不可否认，在孩子犯错时，父母的吼叫的确能在第一时间里震慑住孩子，让孩子在短时间里不敢再犯，但孩子忘性大，时间一长就会忘记父母的震慑，继续再犯。对于父母的大吼大叫，也不再放在心上了。一旦孩子对父母的吼叫产生麻木感，那么他们将会在犯错的道路上一去不复返。

如此看来，父母的吼叫不仅不能解决问题，反而还会制造出问题。孩子犯了错误，身上出现了问题，作为父母的我们有责任帮助孩子纠正，引导孩子往好的方向发展，但是教育方法绝不包含对孩子大吼大叫。因为，好的教育从来都不是战斗，而是春风化雨。

阳阳和小可是两个漂亮的小女孩，今年都9岁。她们既是同班同学，也是邻居。所以，在周末的时候，两人经常在一起玩耍。

一个周末，天气非常好，阳阳和小可在小区偶遇了。两个小女孩凑在一起，商量着要玩些什么。阳阳看了看小区花坛里五颜六色的花朵，她灵机一动，说她们可以编花环玩，她还信誓旦旦地表示自己会编很多样式的花环。小可也很喜欢花环，便同意了阳阳的这个决定。

就这样，两个小女孩走进了花坛，她们见哪朵花开得漂亮，就摘下哪朵。不一会儿，花坛上的花就被她们摘走了大半。阳阳和小可见摘了很多花朵后，便找了一个空地方，开始编起了花环。

过了一会儿，阳阳妈妈和小可妈妈找了过来。两位妈妈看到满地的残花，以及被折腾的不成样子的花坛，气不打一处来。

阳阳妈妈是个直脾气，她直接对阳阳大吼："阳阳，你怎么那么不懂事呀！

有那么多好玩的你不玩，非要玩花儿！你看看，你把花坛搞得乱七八糟……"

小可妈妈虽然和阳阳妈妈一样气愤，但是她并没有将这股怒火通过对孩子大吼的方式发泄出来。她平复了一下自己的情绪，春风细雨地对小可讲起了道理："小可，你知道吗，花草也是有生命的，当你摘下它们的时候，它们也会感到疼痛，只不过它们没有嘴巴，不能喊疼。还有，花草是美化环境的，爱护花草，人人都有责任……"

这次教育的结果是，阳阳在妈妈的大吼下，保证不会再犯，而小可在妈妈的温柔说教中，也保证以后不会再伤害花草。

就这样，一个星期过去了，在某个周末，阳阳和小可又玩在了一起。这一次，阳阳依旧跑进花坛，摘下花朵编花环玩，而小可却没有再摘花。周围的几个邻居不解地问阳阳："明明已经答应妈妈不再摘花，为什么还要再摘呢？"

阳阳毫不在意地回答："摘几朵而已，有什么大不了的。至于我妈妈的话，我才不听她的呢！她就只会朝我大吼大叫！"

有位教育学家曾经说过，这世界上最没有用的教育方式之一，就是冲孩子发脾气，对孩子大吼大叫。在无数的实践中，也证明对孩子大吼，只会将孩子身上本来不是问题的问题，被吼成了问题。

就我们的教育而言，它也是一种习惯。在初次对孩子使用大吼大叫的教育方式时，作为父母的我们，过后内心肯定会感到后悔，而一旦大吼大叫的教育方式形成了习惯，在面对孩子的大事小事上，就会不由自主地用吼叫的方式去教育。在这个时候，教育不仅不能引导孩子，而且还会使孩子在无形中成为我们的出气筒，成为我们发泄坏脾气的牺牲品。可见，父母的大吼是一种语言暴力，而这对孩子的心灵和成长，无疑是致命的。

孩子因为年龄小，阅历少，在成长的过程中肯定会出现各种各样的问题。

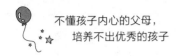
孩子们需要的是解决问题的方法，需要的是父母的鼓励，需要的是父母的引导……在这么多的需要中，唯独不需要的就是父母的大吼大叫。

好的教育不是战斗，好的教育是润物细无声的。唯有能够撼动孩子心灵的教育，才是成功的教育。在教育孩子的过程中，每一位父母都要改掉对孩子大吼的坏习惯，学会控制自己的情绪，同时也要根据自己孩子的不同去学习和摸索适合自己孩子的教育方法。

只有感动才能融化"冰山"

教育孩子的过程，是一个任重而道远的过程。在这个漫长的过程中，作为父母的我们，绝对产生过疲惫感。尤其是在面对孩子的冥顽不灵、屡教不改时，内心会感到凄凉和迷茫，会思考到底怎么做，才能让孩子变好？其实，孩子就像是一座冰山，唯有我们炽热的心才能融化他们。所以，想要取得好的教育效果，就要先感动孩子。

《孟母三迁》的故事大家都听过，故事的开头，孟母带着孟子住在离坟墓不远的地方，孟子就和周边的小伙伴们模仿大人们哭丧、跪拜，孟母发现孟子无心学习后，就把家搬到了市集。到了市集后，孟子又和周边的小伙伴们玩起了模仿大人做生意、宰杀牲口的游戏。孟母见孟子依然对学习不感兴趣，就又将家迁到了学堂附近，这才让孟子认真学习起来。其实，这个故事还有一个后续，就是"子不学，断机杼"，也正是因为这个后续故事，才令孟子真正地爱上学习。

孟子在进入学堂后，确实学习得很认真，但是也很贪玩。有一次，同学喊

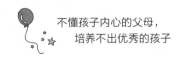

他出去玩，孟子没经受得住诱惑，便逃课去玩了。在接连数次的逃课后，终究被孟母发现了。孟母非常气愤，但她没有大骂孟子，而是当着孟子的面将快要织好的布一股脑儿全剪碎了。

孟子想要拦住孟母剪布，因为他深知这块布是孟母花了很长时间去织的，并且快要织好了，剪碎太可惜。但孟母却告诉孟子，学习就像织布一样，需要持之以恒，而他逃学的行为就像是一把剪刀，正在剪碎他织的布。这时孟子意识到母亲用剪布的方式来告诉他学习的重要性，此后，他收敛了玩的心思，一心一意地扑在了学习上。

从孟子的故事上来看，孟子能收敛玩耍的心思，一心一意地去学习，归根究底还是源于感动，是孟母用行动给他上了一堂震撼他心灵的课。

著名的教育学家陶行知先生曾说过："真正的教育是心心相印的活动，唯独从心里发出来，才能打动孩子心灵的深处。"可见，好的教育不是战斗，而是要感动孩子，打动孩子的心。

潇潇今年9岁，是一个成绩特别好的小男孩。在他人看来，潇潇非常优秀，但潇潇的妈妈却不那么认为，因为她的儿子身上有一个缺点，就是喜欢花钱，每当潇潇朝她要钱时，都令她苦不堪言，因为她是单身妈妈，家庭并不富裕。

譬如这一天，潇潇吃好早饭后，他又问妈妈要零花钱。妈妈想也没想地拒绝了，因为前几天她刚给过他。妈妈的拒绝令潇潇非常不高兴，他嘟着嘴坐在椅子上。妈妈收拾好后，准备送潇潇去学校，见他一动不动，便催促他拿书包，并提醒他快要迟到了。

但是，潇潇就是坐在椅子上不动。妈妈见状，立马明白了潇潇是为自己不给他零花钱在闹别扭。妈妈皱着眉头询问潇潇要零花钱干什么用？潇潇说他要请好朋友喝奶茶。

妈妈告诉潇潇，不请也没有关系。但潇潇却不同意，他对妈妈说，如果自己不请的话，他的好朋友就会跟自己绝交。妈妈耐着性子告诉潇潇，真正的朋友是不需要用金钱和物质来维系的。但潇潇就是不听，甚至捂着耳朵和妈妈耍赖，他对妈妈说如果今天不给他零花钱，他就不去学校，也不好好学习。

这一次，妈妈和潇潇僵持了很久，最后潇潇没有去学校。直到下午给了钱，才背起书包去了学校。

妈妈非常明白，自己的妥协只会令孩子更加的肆无忌惮，可是她实在想不出改正孩子爱花钱的办法。就这样，她忧心忡忡地去了单位，一个同事见她心不在焉，便询问了她缘由。最后，这位同事给她提了一个建议，她告诉她，想要孩子不乱花钱，就要让孩子知道挣钱的不易，从心灵上打动孩子。

回到家后，潇潇妈妈开始了自己的计划。她对潇潇说，只要陪她工作，就给他多少零花钱。对此，潇潇兴致勃勃地答应了。

潇潇妈妈晚上有加班的习惯，在此后加班的时候，她会将潇潇叫到自己身边，让他陪着她加班。当潇潇困得眼皮打架，催促她睡觉时，她却摇头拒绝了，她告诉潇潇工作没有完成，如果工作没完成的话，不仅挣不到钱，甚至还可能被开除。在接连数天的熬夜后，潇潇终于承受不住了，他宁愿不要零花钱，也想睡觉。与此同时，他也深刻地明白了赚钱的不易和妈妈的辛苦。

此后，潇潇再也不乱花钱了，也鲜少再问妈妈要零花钱。

父母和孩子都是独立的个体，都有属于自己的想法。在教育问题上，只有我们的想法和孩子的想法相重合或交织时，孩子才会受教，如果我们的想法和孩子的想法呈现出永不交织的平行线，那么孩子很难受我们所教。

如何令我们的想法和孩子的想法重合或交织呢？很简单，就是教育孩子时

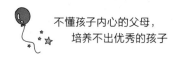
建立在感动孩子的基础上。那么，怎样才能感动孩子呢？

我们要懂得用心倾听孩子的心声。想要感动孩子，就要先了解孩子，而了解孩子的方法，一个是观察他们的行为，一个是倾听孩子的心声。孩子的心声是发自肺腑的，它能表露出孩子的需求。当我们认真倾听孩子的心声，仔细读懂他们的心声后，那么对孩子采取的教育法，所说出来的话，都能感动到孩子，起到引导和教育孩子的效果。

我们要用心去爱护孩子。所有的感动都是建立在"爱"的基础之上的。所以，孩子愿意听父母说教，很大程度是因为他的内心是知道父母爱自己的。因此，作为父母的我们要不吝啬地向孩子表达我们对他们的爱意。怎么表达呢？就是用心地去爱护孩子的身心，具体来说，就是关爱孩子的身体健康，关心孩子的精神需求。

所谓的关爱孩子的身体健康，就是要对孩子嘘寒问暖，令孩子不受伤害，而精神需求的方面有很多，譬如陪伴孩子成长，和孩子外出旅行、参与孩子喜欢的活动，等等，也要用心去赞美孩子的优点，在精神上给予孩子鼓励，等等。当孩子感受到了父母对他的爱，他才会静下心来听父母的教诲，并感动于父母的教诲。

最重要的一点是，我们要用心地纠正孩子的错误。在父母心里，不管是我们用战斗的方式教育孩子，还是用春风化雨的方式教育孩子，都是希望孩子能纠正错误，能往好的方向发展，但是绝大多数时候，我们采用的战斗式教育方式并不能取得好的教育效果，这是因为战斗式的教育方式不能被孩子理解，这样的教育方式不能感动孩子。

父母与孩子相处时需要用心，教育孩子更需要用心。只有心到了，孩子才能感受到父母的用心良苦，才能被打动。

你越平和，孩子越出色

很多父母都希望自己的孩子是最出色的，故而在教导孩子时会很严厉，甚至会采用武力的方式来教育孩子。那么，这种战斗式的教育塑造出优秀的孩子了吗？答案是否定的。

对于这样的答案，可能有些人会不赞同，因为在现实生活中，也有一些孩子在父母的严厉教育下，确实取得了好成绩，拥有了一个美好的未来。但这样的孩子仅仅占少数，绝大多数的孩子在战斗式教育下的人生都是暗淡平庸的。

此外，我们衡量一个孩子是否优秀的标准并不单单是指孩子的能力，它也包含了孩子的性格、气质、价值观等诸多方面。当一个人各方面都很出色时，那才是真正的优秀。倘若除了能力出众，其他方面都不出色，那么就与优秀无缘了。就像我们身边都有能力出众的人，如果他的性格上有所缺陷，我们肯定会觉得惋惜，也不会再觉得这是个优秀的人。

真正出色的孩子，除了能力出众外，在其他方面也应该是出色的。但是，父母的战斗式教育却会对孩子的诸多方面造成负面的影响，譬如在性格方面，

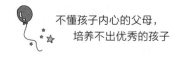
孩子会因为父母战斗式的批评、训斥，性格会变得暴躁、孤僻、内向、懦弱，等等，而在这些性格的影响下，孩子的气质也会散发出阴郁感，甚至在价值观上也会出现问题。

那么，父母怎样才能教育出出色的孩子呢？其实很简单，就是心态平和地去教导孩子。只有当父母的心态越平和，孩子才会越出色。

安安今年12岁了，是个特别出色的孩子，不管是老师，还是邻居，一提到他都会说出众多的赞美言辞。但他们不知道的是，安安在小的时候其实并不出色，是爸爸妈妈对他平和的教导，才令他蜕茧成蝶。

在没上小学之前，安安的生活是放养式的，因为他的爸爸妈妈从来不要求他学习。所以，相对于其他小朋友辗转在数个特长班、学习班的生活，他的生活是自由自在的。上了小学之后，安安的劣势便显露出来。首先在学习上，即便他很努力，也依然赶不上那些很早就上学习班的同学；其次在特长上，别的同学不是能歌善舞，就是擅长书法画画，只有他没有一样拿得出手。

面对自己糟糕的学习成绩，每一次都落选学校或班级组织的活动，安安的内心非常焦躁。特别是在过年的时候，家里的亲朋好友纷纷建议安安的父母严厉地管教安安。安安也以为爸爸妈妈会对他采用武力，或是训斥、批评他的方式，但结果并没有。每一次，爸爸妈妈都平和地教导他，安慰他。

爸爸会耐心地告诉安安，学习是一个漫长的过程，就像是一场马拉松长跑，在最初的时候，跑在前面的不是最厉害的，落在后面的也不是最差的，只有跑到最后，谁先谁后才有意义。他告诉安安，学习要持之以恒，要稳步前行，只有毫不懈怠才会有所进步。

妈妈也告诉安安，并不是每个人都必须要学习特长，如果真正感兴趣，就可以选择去学。她还告诉安安，特长的范围很广，不能被其他小朋友学习的舞蹈、书法、画画等特长局限了思维，要努力去找寻自己擅长的、感兴趣的特长学习。

就这样，在爸爸妈妈平和地鼓励与引导之下，安安的学习成绩一点点的进步，直到现在，每次考试都名列前茅，而他也寻找到了自己的特长。

很多父母都羡慕别人家的孩子很出色，其实，与其羡慕别人，不如自省自己教育孩子时的心态。因为，在孩子的成长过程中，父母的心态才是最关键的影响因素。

对孩子们来说，父母的心态就像是一副眼镜：好的心态是平光镜，孩子带上后看到的世界是彩色的，坏的心态是墨镜，孩子带上后看到的世界是黑暗的。当孩子长久置身于黑暗中，不仅不能成为出色的人，还会令其成长的道路崎岖难行。因此，我们在教育孩子时，一定要保持平和的心态。

那么，父母如何令自己在教育孩子的时候心态平和呢？对此，需要注意以下这些方面：

首先，不要对孩子抱有过高的要求，要用平常心去看待孩子。当今社会的竞争力很大，许多父母们对孩子都有很高的要求。一旦孩子达不到自己的要求，心理上就会患得患失。而这股患得患失会影响我们教育孩子时的心态，继而令我们不自觉地对孩子采取战斗式的教育方法。所以，想要心态平和，就要先做到对孩子不要有那么高的要求。

其次，在教育孩子时，要学会调整自己的心态。在孩子的成长过程中，父母不可避免会遇到许多令人头疼的问题，这些问题中，不乏挑衅我们情绪的存在。但我们是能感知到自己的情绪的，一旦我们的情绪在膨胀，就要学会控制，将心态调整到平和的状态后再去教育孩子。

怎么控制自己的情绪呢？可以转移自己的注意力，譬如在教育孩子的时

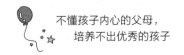

候，感知到自己心态的强烈波动后，可以先暂停教育，将注意力从孩子身上转移到其他方面。此外，还可以通过运动、向他人倾诉等方式来发泄自己膨胀的情绪，等情绪稳定后，再回头教育孩子。

最后，要懂得用欣赏的目光看待孩子。许多父母在与孩子相处时，目光只落在了孩子不好的地方，忽略了孩子优秀的地方。当视野里尽是孩子的不好时，又怎么能做到不对孩子恶语相向、训斥指责呢？所以，我们除了发现孩子的不好，也要挖掘孩子好的地方。只有将孩子的两面都兼顾到了，我们才能做到心态平和。

总而言之，在教育孩子的时候，作为父母的我们不但不能急躁，而且还应该要时刻保持冷静的头脑，这样才能教育出一个出色的孩子。

好的教育少不了微笑

微笑就像是一抹阳光，能照亮人心间，温暖人心怀；微笑又像一朵美丽的花，它灿烂的迷人眼。可以说，微笑是这个世界的通用语，它能传递出友好，能够化解许多的矛盾和烦恼。作为父母的你，在教育孩子的时候是否会向孩子展露微笑？

可能大部分父母的观点是，在教育孩子的时候，应该摆上严肃的表情，因为这样的表情能震慑住孩子，让孩子能很快地意识到错误并纠正。是的，我们的严肃的确能起到很好的教育作用，但是，这样的教育效果却是被动的，是大打折扣的。

因为，孩子在面临父母的严肃教育时，他首先想到的是父母生气了，想到的是自己即将面临的惩罚，当思想被这些想法占据时，又怎么会想到自己犯了什么错，错在哪儿了呢？所以，严肃的教育只能令孩子快速地承认错误，却不能令他们意识到错误，如此就不能从根本上杜绝错误。所以，很多在战斗式教育下的孩子，同样的问题，总是不停地再犯。

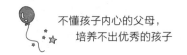
　　此外，战斗式的教育对孩子的成长也会造成负面影响，譬如会令孩子的性格暴躁偏激，会令孩子的思维受到局限，即在遇到问题的时候，无法想到关键点等等。那么，怎样才能令孩子真正意识到自己的错误和不足之处呢？很简单，就是父母在教育孩子的时候，不吝啬地给予孩子微笑。

　　因为父母的微笑会令孩子身心放松，当孩子的思维不那么紧绷时，注意力自然就落在了自己犯的错误上，继而会真诚地改正。

　　小晋是个调皮的小男孩，今年读三年级。这一天，小晋妈妈接到了学校打来的电话，班主任老师告诉小晋妈妈，小晋和班里的一个男同学打架了。小晋妈妈听后，立马赶去了学校。

　　小晋妈妈来到老师的办公室后，视线落在了小晋身上。小晋的衣服皱巴巴的，且沾满了灰尘，她询问小晋有没有受伤，小晋摇了摇头。小晋妈妈发现小晋面容紧张，眼神忐忑后，便给了小晋一个笑容。因为这个笑容，小晋的神情平静下来。

　　这之后，小晋妈妈转头看向站在一旁与小晋打架的小男孩，小男孩的衣服虽然也皱了，但身上没有沾染到灰尘。她温柔地问小男孩有没有受伤或不舒服的地方，小男孩有些不好意思地摇了摇头。老师也向小晋妈妈说明，校医已经帮两个孩子详细地检查过了，都没有受伤。小晋妈妈一颗悬着的心终于放了下来。

　　这时候，小男孩的妈妈也走进了办公室，她紧张地打量小男孩一圈，发现没受伤，心里憋着地那一口怒气立马爆发出来，她捏着小男孩的耳朵生气地说：“我送你来学校是让你好好读书的，不是让你打架，惹是生非……”

　　小男孩吓坏了，一句话都不敢说。

　　在老师的劝导下，小男孩的妈妈才松开了捏着小男孩耳朵的手。而老师也说出了两个孩子打架的原因。

原来，今天是小晋和小男孩，外加另外两个孩子一起值日。班级的安排是，每个学生负责一个组的卫生。但小男孩急着去操场打篮球，便将自己扫好的垃圾一股脑儿地扫到了小晋负责的组，还笑嘻嘻让小晋帮自己一下。小晋不愿意帮忙，又将垃圾扫了回去。小晋的拒绝令小男孩很生气，他质问小晋为什么不帮自己，小晋也生气地回答就是不帮。后来，两人由口头上的争吵发展到了肢体上的碰撞。

老师刚说完，小男孩的妈妈立马黑着脸训斥："你自己的事情为什么要让其他同学帮你做？打篮球在乎迟到那几分钟吗？你说，你知不知错？"

小男孩害怕妈妈惩罚自己，立马回答自己错了，还不停地向小晋说对不起。小男孩的妈妈又问小男孩知不知道自己错在了哪儿，小男孩支支吾吾，说不出所以然来。

小晋见状，有些无措地看向自己的妈妈。小晋妈妈什么也没有说，只是又给予了小晋一个微笑。小晋见到妈妈的微笑后，仿佛吃下了一颗定心丸，他对小男孩说："其实，这件事我也有错的，同学之间应该互相帮助才对，我不该那么斤斤计较……"

虽然，两个孩子都认错了，但在场的人都能看出，小男孩的认错并不走心，更多的是因为害怕妈妈的训斥或惩罚而被迫认错，而小晋的认错却真心实意，他真正意识到了自己的错误。

两个孩子，一个受到的是妈妈战斗式的教育，一个仅接收到了妈妈的一个微笑。明明战斗式的教育比微笑更有力度，但取得的教育效果却不尽人意。其中原因是，好的教育不是战斗，而是春风化雨。在教育孩子的过程中，给予孩子微笑，就是春风化雨式的教育。

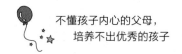

　　对孩子来说，他们犯错时，神经本就是紧绷的，作为父母，应该要给予他们一个微笑，去化解他们紧绷的神经。这样，在我们向孩子说大道理时，孩子才能听进去。所以，当你的孩子犯错了，神经紧绷时，我们不妨先给予他们一个微笑，你会发现，这样的教育会取得非常好的教育成果。

　　各位父母，你需要明白，好的教育是少不了微笑的。

你的强势，并没有令孩子变优秀

很多父母将教育孩子的过程当成一场博弈，并要求自己永远是赢的一方。而这场博弈影射到现实，就成了对孩子的强势，对孩子有诸多的高要求。

父母会对孩子强势，通常来说有两个原因：

首先，父母本身是强势的性格。父母在与人相处时，表现得很要强，那么这股强势会变成习惯，继而会蔓延到与孩子的相处当中，沁入对孩子的教育当中。所以，平时很要强的父母在教育孩子的时候，会不自觉地强势。

其次，父母希望孩子变得优秀。每位父母都希望自己的孩子很优秀，有一个美好的未来。也因此对孩子有很高的要求。一旦孩子达不到要求，就会指责或训斥孩子。其实，对孩子的高要求，对孩子的训斥、指责都是强势的表现。

我们不妨自省一下，在教育孩子的时候，你是否总向他展露自己强势的一面呢？那么，在你的强势之下，孩子有没有变得很优秀？答案是否定的，孩子并没有因为你的强势而变得优秀，不仅如此，他们甚至会变得越来越糟糕。

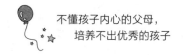
　　小爱今年8岁，出生于艺术家庭。她的爸爸是一名画家，妈妈是一名钢琴老师。所以，在小爱很小的时候，爸爸妈妈就对她进行了艺术启蒙，学习绘画和钢琴两门艺术。如今已经过去几年了，小爱学习得怎么样呢？答案是很不好，甚至可以说很平庸。其中原因，与小爱父母的强势息息相关。

　　小爱是两岁多接触绘画，在最初的时候，爸爸只教小爱色彩。爸爸对小爱非常严厉，每当小爱回答错物体的颜色时，都会被要求反复的认知。哪怕小爱表现得很不耐烦，甚至用哭来抗议时，都不管用。

　　稍微大点的时候，爸爸开始培养小爱的审美，他会拿大量的画册让小爱看。画册里的内容有人物素描，有山水画或油画。在初看的时候，小爱很好奇，也很感兴趣，但随着看得多了，她就觉得越发枯燥，并渐渐显露出不耐烦。小爱跟爸爸说自己想要看动画片，但爸爸每一次都拒绝，因为他觉得看动画片不利于培养孩子较高的审美。然而，爸爸的强势却让小爱打心底里抗拒画画，因此学了这么久，还是表现平平。

　　小爱是在3岁的时候接触钢琴的，在最初的时候，小爱很喜欢钢琴，因为每次妈妈弹钢琴的时候都很优雅，弹出来的曲子也很好听。但在开始学习钢琴后，她对钢琴的感情发生了巨变。

　　小爱的妈妈是个完美主义者，所以，她对小爱的要求极高。在教小爱音符的时候，她不允许小爱出错，只要弹错了一个音符，就会罚小爱再练习十分钟。稍微大点的时候，妈妈占据了小爱很多的周末时光，在别的同学出去玩的时候，她只能待在家里练习钢琴。小爱向妈妈抗议过，但每次都被驳回来。

　　渐渐地，小爱认为钢琴是阻碍自己自由的最大敌人，并打心眼里讨厌弹钢琴。当一个人对某样东西产生了厌恶的情绪，又怎么能学好呢！

　　其实，我们不难看出，小爱的爸爸妈妈是想小爱变得优秀，但在引导小爱变优秀的这条路上太过强势，太过急功近利，最终的结果只会适得其反。

在教育孩子的过程中，父母对孩子强势，是不利于孩子成长的。那么，具体会对孩子造成哪些伤害呢？

首先，会令孩子缺乏安全感。一般来说，父母强势的表现有命令、批评、指责、训斥等方式，而这些强势会令孩子产生恐惧感。从心理学上来说，当孩子长期处于恐惧之中，就会缺乏安全感，形成不好的性格。这会导致孩子长大后，不敢表达自己的想法、害怕被否定，不敢与人交往等等。

其次，会令孩子自我怀疑。父母强势的另一种表现方式，就是经常吼孩子，否定孩子。一旦孩子提出自己的想法，就会被父母用无情的话语驳回，批评得一无是处。当父母打击得久了，否定得多了，孩子便会渐渐失去自信，变得胆小懦弱。

再次，父母强势会令孩子变得叛逆。很多父母都会有这样的感觉，当所处的环境令自己感到窒息压抑时，会迫切地想要挣脱出这个环境。而父母的强势对孩子来说，何尝不是一个令人窒息、压抑的环境呢？所以，当孩子渐渐长大，有了自己的想法时，他会迫切地想要脱离父母的掌控。尤其是受到青春期的影响，他们会在父母的面前表现得很叛逆，做出许多挑战父母神经、底线的事儿。一旦父母处理不好，会令孩子的成长之路越发糟糕。

最后，父母的强势会令孩子与自己离心。强势就像是一堵墙，能够隔绝人与人。对孩子来说，父母的强势是一睹厚重的墙，令他们感受不到父母对他们的爱意和亲近，只会感受到父母对他们的冷漠和不尊重。长久以往，孩子便不会向父母敞开心扉，渐渐与父母离心。

可见，在教育孩子的过程中，父母的强势并不能取得好的教育效果，反而会对孩子造成诸多不好的影响。

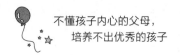
　　教育孩子并不是一场博弈，并不需要高孩子一筹，也不需要令孩子低一筹。当你试着向孩子收敛强势，试着用春风化雨的方式教育孩子，你会发现，你的收获远远比强势教育孩子的收获要好很多。

尊重，永远是打开心扉最好的"钥匙"

很多家长会抱怨，自己与孩子之间有代沟，孩子有什么心里话，都不愿意向自己倾诉。那么，你是否检讨过自己，你给予孩子尊重了吗？

想一想，在教育孩子的时候，你是否总是粗暴地对他大吼大叫？在他们犯错想要为自己辩解的时候，你是否总是打断？在他们说出自己的想法时，你是否总是否定，对他们施展霸权主义？其实，这样的行为都是不尊重孩子的行为。当孩子感受不到尊重，自然会心灰意冷，想要逃离父母。

不只是孩子，任何人感受不到被他人尊重时，都会产生压抑的情绪。所以，当不尊重自己的人和自己说话时，我们的内心是非常排斥的，更别说表达自己的真实想法，聆听对方的建议。同样，当我们的孩子感受不到父母对他的尊重时，他也会心生抗拒，将自己的心门牢牢锁住，即不让自己内心的想法向外流露，也不让父母正确的教导进入。

可见，一旦孩子将自己封锁住，再好的教育都是无用功。更重要的是，在孩子的成长过程中，父母的不尊重会令他们变得很糟糕，未来变得很暗淡。

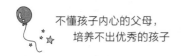

恋恋曾经是个乐观开朗的小女孩，因为她有一个幸福美满的家庭。然而，在她7岁的时候，这个家庭出现了裂痕，她的爸爸妈妈离婚了，而她跟随妈妈生活。仅仅跟妈妈生活了1年，她的乐观开朗逐渐被孤僻内向所取代。

在没有离婚之前，恋恋妈妈的性格很好，每次恋恋犯错的时候，她都会温柔地教育她，鼓励她，但离婚之后，恋恋的妈妈性格大变，不管恋恋犯了什么错，她都是大声地批评她，指责她，从不给她辩解的机会。

譬如，恋恋上小学后，总是跟不上学习进度，每一次的考试成绩都排在班级的中下游。恋恋妈妈拿到恋恋考的试卷后，她不会先看一看恋恋做错的地方，不找一找恋恋的薄弱区，而是大声地指责，她会说一些"你怎么那么笨""我怎么会有你这么笨的孩子"等等。每当妈妈说完，恋恋就会低下头。

在妈妈的责骂下，恋恋将所有的心思都花在了学习上，哪怕是上小学，她也每天看书到很晚。不过更多的时候，她只会越看越头晕，越看越不懂。在下一次考试时，她叮嘱自己一定要好好考，但事与愿违，一些平时根本不会出错的题因为紧张，硬是做错了。就这样，妈妈因为恋恋的成绩，循环往复的责骂她，而恋恋也仿佛被魔咒困住了一般。

再譬如，恋恋特别喜欢画画，恋恋妈妈就将她送去了绘画特长班。只不过恋恋的绘画天赋并不高，画出来的画远比班里的其他小朋友差。每次妈妈看完恋恋的画后，都会忍不住摇头，这令恋恋备受打击，也下定决心一定要画好画。

某天，恋恋收拾好绘画工具，准备去绘画班。不过，妈妈却喊住了她。妈妈说不用带画具了。恋恋好奇地问为什么。妈妈说她已经帮她退掉了绘画班，改学舞蹈。妈妈的私自决定令恋恋非常生气，她质问妈妈为什么不询问她的意见。妈妈回答说："恋恋，你根本不是画画的料，学习绘画只会浪费时间、精力和金钱，我看你身体柔韧度挺好的，一定能学好舞蹈。"

因为妈妈的不尊重，让恋恋日渐沉默，性格也变得孤僻而内向。

父母对孩子不尊重具体会给孩子带来哪些不好的影响呢？作为父母的你，不妨回忆一下，在孩子做某件事情时，如果你过于批评或责骂孩子，孩子会不会沉默不语？哪怕这件事他明明能够做好，也会因为父母的不尊重而质疑自己。所以，长此以往，孩子就会失去自信，自暴自弃等等。而这些恶果，其实都是父母的不尊重造成的。

教育孩子不是一场战争，不应该存在硝烟。每个孩子都是独立存在的个体，他们需要被尊重。而尊重，永远是打开孩子心扉最好的钥匙。那么，在教育孩子的时候，父母应该怎么做呢？

首先，父母要懂得尊重的含义。我们不妨问一下自己，在你的心里，你将孩子当成了什么？是自己的私人物品，还是一个独立存在的个体？如果是前者，那么你永远都学不会尊重孩子。

父母需要明白，孩子虽然是我们生命的延续，但也是一个独立存在的个体，他们有自己的想法，有自己的选择，而他们终有一天会像雄鹰一样，独自翱翔在广阔的天空中。所以，想要做到尊重孩子，就要先认识到——孩子是一个独立的个体。如此，我们才会主动地给孩子自由，给予孩子选择的权利，聆听孩子的想法等等，而这些都是尊重孩子的表现方式。

其次，父母要对孩子有同理心。什么是同理心？从心理学角度来说，它是一种与他人一起感受的能力。父母要尊重孩子，就要对孩子产生同理心，因为当感知到孩子的想法与感受时，才能说出尊重孩子的话，做出尊重孩子的

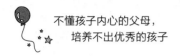
行为。

　　著名作家纪伯伦曾经说过："你的孩子其实并不是你的孩子。"每个孩子的所属权是他们自己，并不是作为父母的我们。学会尊重孩子，才是最春风化雨式的教育。

第 5 章
都说语言有魔力，是天堂，还是地狱？

　　语言是神奇的，积极的话语能让人斗志昂扬，消极的话语却能让人心如死灰。在教育孩子的时候，如果不斟酌用语，眨眼间就会令孩子从天堂坠入地狱。可见，说话是一门学问，需要过滤与斟酌。

语言的杀伤力是无法想象的，何况孩子？

任何事物都存在两面性，语言也一样。善良的语言能让人置身天堂，恶毒的语言却能让人坠入地狱。在与孩子相处时，你对孩子说的话语，是甜如蜜糖，还是毒如砒霜呢？

如果是前者，孩子会感到温暖，如果是后者，孩子只会感到自己的眼前一片黑暗。或许很多父母不以为然，觉得骂孩子几句没什么大不了的。但是，语言的杀伤力是我们无法想象的，何况是我们有血有肉有思想的孩子呢！

跳跳是个小男孩，出生在一个富裕的家庭，他的爸爸妈妈都是成功的商人。然而，在跳跳8岁那年，公司因为经营不善破产了。如果说8岁之前的跳跳生活在天堂，那么8岁之后的他，则感受到了生活的不易。因为破产的缘故，他的爸爸妈妈很难接受经济上的大起大落，情绪很不好，所以总会不分青红皂白地责骂他。

譬如这一天，妈妈在辅导跳跳写作业。跳跳的做题速度很慢，要很长时间才能做好一道题目。但"慢"在妈妈眼里有着千不是万不是，她忍不住责骂起

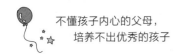

跳跳："你做题怎么这么慢？你是蜗牛吗？蜗牛都比你快！"

跳跳听后，心里很不开心，但还是埋着头继续做题。而跳跳的妈妈责骂了一会儿，见跳跳没有说话，便停了下来。然而，没过一会儿，她的脾气又上来了。原来，跳跳笔下的一道题算了有大半个小时都没有算出来。事实上，是题目超出了跳跳的知识范围。但是，跳跳妈妈不会想到这些，她只认为是自己的孩子笨。所以，她嘴里那些责骂的话，毫不留情地说了出来："你怎么那么笨？连这么简单的题都做不出来？我怎么会有你这么笨的儿子……"

跳跳因为长期受到爸爸妈妈的责骂，他的性格变得敏感多疑起来，与此同时，他还渐渐患上了抑郁症。

作为父母，孩子的身上出现了问题，我们有责任去引导，去教育。但是教育的方式绝不包含对孩子的责骂，因为责骂不利于孩子的成长。

首先，责骂会对孩子的身体健康造成损伤。有研究表明，当一个孩子长时间处于责骂的环境中，他的生长发育会变得减缓，也会影响智力的发展；其次，责骂会对孩子的心理造成严重的创伤。因为，责骂是一种冷暴力，它就像是一瓶硫酸，正一点点腐蚀着孩子的心与精神。所以，长期受到责骂的孩子会很自卑，会出现冷漠、不信任他人、暴力、暴躁易怒等表现。

可见，不管是身体上的伤害，还是心灵上的伤害，都是一种无法磨灭的伤害，对孩子的未来发展非常的不利。因此，作为父母的我们，在与孩子相处时，或是在教育孩子的时候，话语里一定不要出现责骂孩子的字眼。

很多父母或许会很头疼，因为有时候对孩子的责骂是冲动，是不由自主的，甚至有时候并没有意识到自己的话是在责骂孩子，并且每每责骂完孩子后，会感到后悔。但不管导致我们责骂孩子的原因是什么，终究那些不好的语言对孩子造成了伤害。那么，怎样才能遏制住责骂孩子的冲动或不由自主呢？

　　我们要学会过滤自己的话。也就是说，在教育孩子的时候，我们要在心里过滤一遍自己的话语，将那些带有责骂意思的话语通通过滤掉。同时，要学会换位思考，站在孩子的角度感受一下自己说的话是否会对孩子的身心造成伤害。

　　每个孩子都是落入人间的天使，他们最想得到的是父母的赞美与鼓励，而不是永无止境的责骂。所以，不想你的孩子的心枯萎，就要懂得不再对他们说责骂的话语。

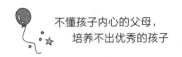
讥讽和嘲笑就像炸药，落地伤一片

天底下的父母都是爱孩子的，不忍心看到孩子受到伤害，如果有人伤害自己的孩子，或者对自己的孩子有不良企图，我相信任何父母都会拼尽全力守护孩子。可是只要保护孩子不受到外界伤害，孩子就真的不会受伤吗？未必。孩子在成长道路上所受到的伤害，其实大多来自父母无意识的言行。

曾经有一家权威机构对一万名0~10岁的儿童做了跟踪调查，调查结果发现：对孩子幼小的心灵来说，最大的伤害莫过于父母"语言的伤害"，这些语言的伤害包括责骂、痛斥、讥讽和嘲笑等等。

"你唱歌真难听，鸭子叫都比你好听！"

"学什么都学不会，蠢得跟驴一样！"

"这么点事都做不好，你说你是不是一个废物。"

……

诸如此类的话语听上去非常刺耳，但很多父母总在不知不觉中屡屡犯之。也许这些话只是一时的气话，出自一种"恨铁不成钢"的心态，但是传到孩子的耳朵中，就犹如一枚炸弹，会瞬间炸毁孩子自信的城门，重创孩子心灵的堡垒。这种痛苦比打在身上的暴力更严重，并且伤痛遗留的时间更久远。

朋友的女儿玲玲是一个自卑敏感的"小大人"，不论做什么她都是小心翼翼的，看人时的眼神总是不断躲闪，也不喜欢和人说话，脸上还总会带着一丝忧郁。为什么会这样？孩子不应该是无忧无虑、神采飞扬的吗？

"这孩子从小就这样，看起来笨笨的。"朋友无奈地说。

我和朋友闲聊时，玲玲正在看一个少儿节目。当芭蕾音乐响起来的时候，她站起来跟着节奏跳舞。虽然动作不太标准，但是还算不错，我刚准备夸赞玲玲几句，没想到朋友一把扯过玲玲的衣服，抿着嘴笑道："哪里有这么胖的天鹅呀？你跳得像个笨鸭子一样，别在这给我丢人现眼。"

"孩子没学过舞蹈，跳成这样不错了。"我赶忙制止朋友。

朋友没有意识到自己的错误，反而笑着说："反正我就觉得她根本不是跳舞的料！"

玲玲的眼神黯淡了下来，我拍拍她的肩膀，说道："跳舞享受的是身心愉悦，还能锻炼身体，喜欢跳就跳，自己开心就好！"

之后，玲玲一直安静地守在电视前面，再也没有跳舞。

吃过晚饭，玲玲主动帮忙收拾碗筷，可是朋友不但没有夸奖她，反而说："今天真是太阳打西边出来了，你竟然主动做家务了，太稀奇了！"

玲玲听后大声喊道："不管我做什么，你总是不满意！你从来没有喜欢过我，我也不喜欢你。"然后哭着跑回自己的房间。

……

其实，我也知道朋友并不是有意伤害玲玲，也许她只是想跟孩子开个玩笑，可这些无意的话却深深伤害了玲玲，让她变得自卑胆小，缺乏自信。如果

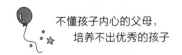
朋友继续这种错误的教育方式，会使孩子失去对妈妈的信任和依赖。长此以往，亲子关系就会变得越来越恶劣，孩子也会变得越来越孤僻。

有人说："讥讽和嘲笑就像是横在孩子与父母之间的一堵墙，这堵无形的墙不仅隔绝了父母和孩子，也造成了孩子和父母的对抗。"

丢失的自信与自尊，是很难轻易找回来的。孩子的心是脆弱的，孩子的心是柔软的。为人父母，既然最爱自己的孩子，就不要让自己变成伤害孩子最深的人。哪怕孩子犯了错，哪怕孩子任性不听话，父母在说话之前也一定要再三思考，注意自己说话的态度，不能随意讥讽和嘲笑孩子。

即便全世界都在嘲讽你的孩子，但父母一定不能。

毕加索小时候学习不好，即便二加一等于几这么简单的问题，他都不会计算。为此他成了同学们捉弄的对象，就连老师也认为毕加索呆头呆脑，智力低下，根本没法教好，在学校关禁闭成为毕加索的家常便饭。这让毕加索脆弱的心灵蒙上了阴影，他变得不爱说话，更不爱和小伙伴们一起玩耍。

"不会算术不代表你一无是处，我们依然爱你。"毕加索的母亲安慰道。

一次毕加索拿着一张纸和一支笔胡乱涂画，母亲看着纸上缭乱的线条不知是何物，但她对毕加索表达了自己的理解和赏识："你画得不错，我猜想，这应该是一块小甜饼。"

有了母亲的支持，毕加索找回了一些自信。之后，他几乎停止了所有的课程，天天待在美术馆，或者到户外写生。此时，思想正统的父亲看不惯毕加索的行为，开始冷落他，但母亲依然鼓励和支持他，最后毕加索成为一名伟大的画家。为了感激母亲，他把作品的署名改为母亲的姓——毕加索。

对于孩子来说，最滋养的爱，就是父母的爱。

真正的爱，是把孩子当成一个独立的生命体去尊重，说一些积极、乐观向上的语言来鼓励和引导孩子。当孩子的感受不断被触碰、被确认，他会形成一个丰盛而灵动的自我，变得更加温柔、理智、懂事和优秀！若是缺乏这份幸运，父母往往需要花费很大的努力，向这一目标前进。

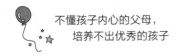
毁掉一个孩子很容易，贴标签就够了

去学校接送儿子的时候，我经常遇到三五个家长扎堆在一起，讨论孩子的教育问题，其间不乏这样一些话语：

"我们家孩子胆子小，上课的时候都不敢发言。"

"我们家孩子动不动就哭，简直就是个爱哭鬼。"

"我家孩子脑子有些笨，有没有办法改善？"

……

胆子小、爱哭鬼、脑子笨……不少父母总是肆意地评价孩子不好的一面，而且喜欢当着众人的面说这些，有时用几个负面标签就概括了孩子的全部。

没有哪个父母不爱自己的孩子，这一点毋庸置疑。也许贴标签是父母的无心之举，或者只是为了让孩子有所改变。殊不知，这会给孩子幼小的心灵造成严重的伤害，甚至影响孩子以后的行为发展。因为孩子在心里可能会认同父母的话，觉得自己如同父母所说的一样，然后朝着负面标签的方向发展。

奇奇是一名小学二年级的学生，平时一直不敢参加集体活动。同学们唱歌，她不唱；同学们跳舞，她不跳。六一儿童节，老师安排奇奇和其他几个同学一起表演，奇奇平时在家练习得很好，但一到学校就表现得扭扭捏捏。

"我家孩子从小就这么内向，人一多就不敢说话。照这样下去，她怎么会有出色表现？"奇奇妈烦恼不已。

老师善意地说："没事，孩子们都比较害羞，多锻炼几次就会好起来的。"

"老师，我真的可以吗？"奇奇追问老师。

老师问奇奇："你想上台表演节目吗？"

"想。"奇奇轻轻地点头。

老师又问："既然你想上台，为什么又不敢上台呢？"

奇奇回答："我想上台表演，可我胆子小，不敢上去，妈妈说我从小就胆小害羞。"

听到女儿的话，奇奇妈才知道孩子之所以不敢在别人面前表现自己，正是因为自己平时给女儿贴上了"胆小"的负面标签。女儿一直认为自己胆小，将自己禁锢在"胆小"的负面角色中，失去了表达自我的勇气。

每个人都渴望被理解、被肯定、被赞扬，孩子也一样。当孩子面对生活与学习的压力，或做出某一行为时，他们需要得到他人，尤其是父母对自己的认同和肯定。对孩子来说，父母的认同和肯定，就是他们建立自我认同最好的推动力。反之，当父母不断否定孩子时，孩子就会逐渐丧失自我认同感。

何谓自我认同感？自我认同感就是一个人清晰地知道自己是谁，知道自己能做什么，以及自身的价值所在。一个人只有建立了自我认同感，才能更好地建立自信与勇气。但是自我认同感并不是与生俱来的，需要孩子在成长的过程中不断地积累，并最终形成对自我的客观认识和肯定。

根据一项心理学调查研究发现，生活中有的孩子之所以自我认同感水平

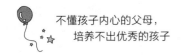

高，是因为他们经常得到父母的鼓励与肯定，这样的孩子乐观积极、敢于挑战并勇于尝试新鲜事物。而那些自我认同感不足的孩子，往往是因为得不到父母的肯定与鼓励，甚至常常被批评，以至于胆怯懦弱、遇事犹豫不决。

对孩子而言，他们心思简单，心灵稚嫩，父母给他们贴上怎样的标签，在他们心里就会产生相应的定论效果，认定自己是怎样的人。也就是说，孩子会成为怎样的人，取决于父母认为他们是怎样的人。因此，要想最大限度地避免给孩子的心理造成影响，最重要的就是不要给孩子随意贴上标签。

实际上，孩子还那么小，他们的成长具有无限的可能性。面对孩子的状况百出，父母只要根据当时的情况给予一定的指导，做到就事论事就可以了。

比如发现孩子吃饭速度慢时，父母千万不能斥责孩子怎么这么慢，吃个饭也磨磨叽叽之类的，最重要的是排除干扰源！以爱说话的孩子为例，可以提醒他"吃饭的时候要专心，妈妈相信你能做到""吃完饭，其他人才会专心听你讲"。如果孩子做不到，要重复提醒，让孩子感到吃饭说话的误区。

此外，孩子的心智和人生观大多处于朦胧的状态中，亟须得到外界的不断强化。所以，不管外界如何质疑你的孩子，父母要做的是坚定不移地信任你的孩子，认可他、赞赏他、鼓励他，让孩子觉得你对他的做法是完全赞赏的、支持的，因此，便能在生活中不断建立和培养良好的自我认同感。

这世上没人不喜欢夸赞的话

什么最容易让孩子不断地进步？什么能让一个顽皮的孩子变得乖巧？又是什么能让一个叛逆的"熊孩子"变得听话？答案是赞美。

我曾经听说过这样一则实验：

有一位心理研究学家，他把学生们分成三组，分别由三个人带到三个不同的房间。他对第一组的学生进行表扬和赞美，并表示非常欣赏他们的能力；对第二组的学生，他不管不问，任他们自由发展；对第三组学生，他进行不断地斥责和批评。

通过一段时间的实验，这位研究学家发现，进步最迅速的是第一组经常受到表扬和赞许的学生，进步第二名的是受到斥责的那一组学生，而完全被忽视的那一组学生还在原地。

看完这个实验我想了很久，回想周围的父母，不少对孩子不是打骂就是斥责，要不就是"放养"，对孩子采取肯定教育的父母屈指可数。

孩子的自信或自卑，成功或失败，都离不开父母的评价和肯定。如果你认

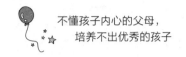
为自己的孩子差劲，那只能说明你差劲，因为是你的不当言行让孩子变得越来越差劲。回想一下，你是否因为自己的孩子不如别人，而经常埋怨或指责他们？你是否因为孩子考试成绩下降，而经常批评责骂他们？

如果是，那么请你立刻停止。

西方著名教育学者卡耐基说："使孩子发挥自己最大潜能的方法，就是赞美和鼓励，尤其是父母的赞美。"

好孩子都是被夸出来的，因为每个人的心中都有一颗"渴望"的种子，渴望被认可，渴望得到夸奖，孩子亦是如此，他们对于被认可、被夸奖的渴望更甚。对孩子而言，他们自信心中的很大一部分来自父母的夸奖，同时这也是帮助孩子获得良好自我认同感、建立自信的重要条件之一。

值得欣慰的是，随着时代的发展，很多父母已经渐渐认识到赞美和鼓励的作用，但是仍然有些父母只看得到孩子身上的缺点，他们觉得孩子身上没有什么值得夸奖的地方。怎么会呢？事实上，并不是孩子没有值得夸奖的地方，而是很多父母不善于观察，或是习惯性地忽略孩子身上的优点。

如果我们只看到孩子的缺点，看不到孩子为了进步而付出的努力和艰辛，总是批评他们，那么孩子又怎么会获得前进的动力？又怎么会有信心去面对挫折和困难？

正如拿破仑·希尔所说："每个孩子都有很多优点，而父母恰恰相反，他们总是盯着孩子的缺点，认为只有管好孩子缺点，才能让孩子更好地成长。其实，这样做就像蹩脚的工匠，是不可能造出完美瓷器的。"

我有一个朋友，一提起儿子小博就头疼，用她自己的话说，小博从出生到现在，从上学到回家，从生活到学习，就没有一点让她感到满意的。

我问她："难道小博真的一点优点都没有吗？"

"没有，绝对没有！"朋友斩钉截铁地回答，"哪怕有那么一丁点儿我就烧高香了，这孩子学习不好，也不听话，天生就是来折磨我的。"

我对朋友笑了笑说："我看不见得吧，上次我去你家的时候，看到小博将自己的玩具整理得特别好，光这一点大部分孩子都做不到呢。"

"他比较爱干净，但这又有什么用。"朋友摇摇头说道。

"爱干净怎么不是优点？能够自己整理好玩具，这样的孩子更自律，而且独立性强。"我带点责备语气地看着朋友，继续说道，"不是孩子教不好，而是你的教育方式有问题。与其严厉地批评孩子，不如多些关心和表扬。"

朋友显然明白了我的意思，变得沉默起来。

第一天，朋友实在不知道该表扬小博什么，想了很久说："你今天的衣服穿得真精神。"这一夸，小博立即挺直了身板，目光炯炯，活力焕发。

第二天，朋友又拿起小博的作业本表扬道："你今天的作业写得很工整！"之后，小博做作业时就更认真了。

……

后来朋友告诉我，她努力克制抱怨的话语，尽量多说称赞的话，现在小博和她的关系变得越来越好，学习成绩也好了很多，闯祸的次数也少了。

失败的父母与成功的父母的区别是，前者眼里只会看到孩子的缺点，而后者则会发现孩子的优点，并适时地给予孩子发自内心的表扬。

要知道，孩子都是从别人的眼中开始认识自己的。如果别人看到的都是他们的缺点，那么他们也会觉得自己是一个满身缺点、一无是处的人，他们会自暴自弃。如果别人认为他们是优秀的，他们感受到的是我们对他们行为的认可和肯定，那么孩子也会认为自己是优秀的，并努力让自己变得更优秀。

作为父母，如果我们在面对孩子时能摆正自己的心态，不要对孩子有过高

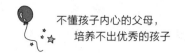
的要求，就会发现其实他们做的每一件事、每一个举动，都有值得我们夸奖的地方。

我们应该用心观察，发掘孩子身上的闪光点，哪怕只是一件简单的小事，哪怕只是一个微小的进步，只要孩子努力做了就应该给予表扬。抓住孩子那些微不足道的闪光点，并将其扩大，让孩子从中认识自己，发现自己，喜欢自己，并且获得巨大的鼓舞和肯定，最终，他会成为一个更好的自己。

暗示的力量这么强？教子有方了

周末的午后，两位年轻的妈妈带着各自的孩子在公园玩耍。看到几只美丽的蝴蝶飞了过来，黎黎和姗姗跑着去追，一不小心都摔倒了。

黎黎妈妈赶紧跑过去，抱起黎黎贴心地询问："宝宝，摔疼了吧？"

黎黎委屈得眼泪直流，哭着说："好疼，好疼。"

而姗姗妈妈则站在一旁，淡淡地说："没关系，不疼，自己爬起来。"

果然，姗姗若无其事地爬起来，又继续奔跑着玩去了。

同样是孩子，同样是摔跤，为什么黎黎如此娇气脆弱，姗姗却如此坚强勇敢呢？

其实，这和两个妈妈的不同表现有直接关系。在看到黎黎摔跤后，妈妈流露出紧张不安的态度，这实际上是在暗示孩子摔跤很疼，从而在心理上增加了孩子疼痛感，使孩子变得娇气；而姗姗妈妈淡然平静的态度则暗示孩子摔跤没什么大不了，自己爬起来就好，如此孩子越来越勇敢。

这就是暗示的力量。所谓暗示，是指通过语言、手势、表情等施加心理影

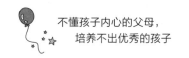
响的过程，影响孩子的思想、情感、意志、行为等方面，在潜移默化中促使孩子发生变化。

暗示分为积极暗示和消极暗示两种，积极的暗示帮助孩子树立信心，拥有良好的心态；而消极的暗示则会破坏孩子的心情，不利于良好心态的塑造。

在生活中，我经常看到这样的情形：当家里来客人孩子不愿意叫人时，父母会当着孩子的面对客人说"不要见怪，这孩子性格内向"；当孩子考试成绩不理想时，父母会责骂说"你怎么这么笨？你根本就不是学习的料"；当孩子没有按照自己的要求做时，父母又会斥责"你就是喜欢和我对着干"……

父母说这些话的本意是想要孩子变好，但是无意间给了孩子消极的暗示。孩子年龄小，可塑性很强，消极暗示会在无形中助长孩子不好的倾向，他们会渐渐变成父母所说的那样：见到生人内向、认为自己笨、和父母对着干……这些都是与父母意愿相反的效果，显然这种教育是不理想的。

在对孩子的教育上，我们越是批评他们的错误或缺点，想要他们改正时，他们越是不会改正，越会强化相关行为；如果我们给予孩子积极的暗示，表扬他们在某件事情上做得很好，但是希望他们会做得更好，那么孩子必然能接受积极向上的正面暗示，增强自己的信心，为做得更好而努力。

邻居钦钦爸爸是个很自谦的人，聊到自己的孩子时，更是如此。

"哪里呀，我那儿子老让人操心。"

"唉，我家钦钦脑子太笨。"

"依我看，这孩子估计没有多大出息。"

……

虽说这些话都是钦钦爸爸在跟别人交流时，随口说出的一些自谦的话，但这让刚上小学四年级的钦钦听到后陷入一种误区：这是爸爸对自己的最终评价，自己真的就像爸爸说得那样差。渐渐地，爸爸发现，钦钦做事越来越胆小，眼里流露出胆怯和自卑，还总说"我就是不行"这样的话。

钦钦爸爸平时对儿子的暗示太消极了，影响了孩子的情绪。见此，我私下跟钦钦爸爸交流，让他平时多给孩子一些肯定和鼓励。于是，钦钦爸爸开始有意使用积极的暗示法。

以前钦钦做作业时一遇到难题，总是喊爸爸妈妈过来帮忙。"你怎么这么笨？不会自己动脑筋吗？"以前钦钦爸爸总是这样抱怨。现在呢？他会说："你先自己好好想想，加油，你一定可以的。"如果钦钦依然不会做，钦钦爸爸会试着这样对孩子说："看得出来，这道题确实不容易，你尝试了几种方法，还有一些需要改进的地方，让我们一起看看怎么解决。"

钦钦语文平时学得不算好，眼看就要期末考试了，急得他像热锅上的蚂蚁，连觉也睡不好。看到儿子如此紧张，钦钦爸爸笑着说："钦钦，你知道吗？爸爸昨晚做了一个梦，梦到你在考场上答得很顺利，就像在做你的强项科目一样。不要担心，只要你好好努力，我相信你这次肯定能考好。"

几天后，钦钦把自己的成绩单拿回了家，钦钦爸爸看后虽然对语文成绩不是很满意，但还是笑着说："没关系的，虽然这次的考试成绩不是很理想，但是你比以前更努力，而且比上次有了进步，值得表扬。"说完爸爸帮助钦钦分析了考试成绩不理想的原因，然后又说："爸爸相信你，下次一定会更好的！"

很快，这些"润物细无声"的积极暗示在钦钦的学习、生活等方面起了明显的作用，使钦钦逐渐从"我就是不行"的情绪中走了出来，逐渐恢复了自信。

积极的暗示对孩子来说，是十分有效的技巧，更是孩子易于接受的教育方式。父母积极的暗示，能让孩子有一种前进的动力，一种对未来的强烈期待。

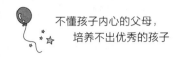
长期受到积极暗示，孩子就会将生活和学习上的压力转化为动力，神情饱满、坚定自信、持之以恒地去追求自己的愿望和目标。

这正如一位心理学家所说："人的意识和潜意识就好比一片沃土，自我暗示就是播撒种子的控制媒介，给予它积极的心理暗示，它就会自动地把成功的种子灌输到潜意识的土壤里；相反，播撒消极的种子，这片沃土必将杂草丛生，一片荒芜景象。"

作为父母，想要孩子越来越优秀，发挥最大的潜能，就多给孩子一些积极的暗示和正面的激励吧！善于发现孩子的长处，并及时加以强化，"加油，你是最棒的""相信你一定能做到""妈妈为你骄傲"……孩子自然就会认为"我能行"，从而发现自身的巨大潜能，向好的方向发展。

把"命令"转化为心平气和的劝导

当你想要孩子做某件事情的时候，你是直接命令他该怎样做，还是与他商量怎样做呢？

据我观察，身边的很多父母往往倾向于前者。在和孩子相处的过程中，见不得孩子不听自己的话，总是用命令的口吻来压制孩子，"你不许……""你必须……"

也许在这些父母眼里，孩子始终是个孩子，他没有能力为自己的事情做主；也许在这些父母眼里，自己是孩子的家长，孩子就应该听自己的话；或许还有些父母认为，身为父母就应该树立一定的威严，在孩子面前说一不二。所以，他们习惯用命令的话语，以便让自己说出的话更有力量和权威。

可是你想过没有，即使再小的孩子也有强烈的自尊心。如果父母常用命令的口气让孩子做这做那，孩子就真的心甘情愿地服从命令吗？显而易见，答案是否定的。

我曾经听到几个孩子在一起抱怨自己的父母，一个孩子说："我一点也不

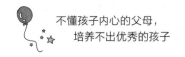
喜欢爸爸说话的方式，因为他说话的时候特别'专制'，总用命令的口气让我做这做那。'赶紧去做作业！现在马上就去！快！''不许饭前吃零食！你必须每天好好吃饭'……每天就是这样，一点都不尊重我！"

其他几个孩子立即附和说："就是！大人们就喜欢命令我们！""他们觉得什么都应该听他们的，真是太可笑了，难道我们就没有自己的想法吗？"

无数事实表明，父母以发号施令的姿态来跟孩子说话，很难说到孩子的心里去。而说不到孩子心里去，又何谈顺理成章地接受呢？

命令是一种单方面的交流，是只顾及自己，而不考虑别人。在与人相处的过程中，我们每个人都喜欢温和、平等的口吻，即使和领导相处，我们也不希望对方以一种强制、命令的语气和自己说话。孩子也是一样的，没有哪个孩子能忍受父母对自己经常性的颐指气使，命令自己做这做那。

即便多数情况下，孩子会选择听从父母的命令，但是这种听从，可能是迫于父母的压力，也可能是为了逃避父母的怒火，还有可能只是一种习惯。也就是说，孩子并不是主动愿意去做这些事，等他们长大了，自我意识增强了，就会产生逆反心理，越发不听父母的话，甚至对父母产生仇恨心理。

另外，如果父母长期习惯命令孩子，即便孩子说出自己的想法，父母也会进行打压和驳斥。时间长了，孩子习惯性地听从指挥，唯命是从，就会变得人云亦云，没有主见，甚至形成唯唯诺诺、事事依赖的性格，这非常不利于孩子拥有独特的个性。

我想，这两种极端的结果都不是父母们想看到的。

沟通永远都是家庭中最重要的，在子女的教育中，每位父母必须注意一个问题，那就是不要一厢情愿地把自己的想法强加给孩子。孩子也是有思想的，他们需要把自己的想法表达出来，也渴望和父母平等地交流。当孩子"不听话"的时候，千万不能直接命令，"这事我说了算，你必须听我的"。

美国学者威廉·哥德法勃曾说："教育孩子最重要的，要把孩子当成与自己平等的人，给他们以无限的关爱。"

在教育孩子的过程中，不妨把命令改为商量和建议，多给孩子一些思考的空间和说话的机会。即便你内心强烈地反对孩子做某件事情，也不要简单粗暴地命令，而是应该对孩子说"你觉得这样，会不会好些""或许你可以……"如此，才能让孩子心平气和地按照父母的想法去做。

今年越越8岁了，有点自私，妈妈发现这个问题后，一直积极地帮助儿子改变。

这天，妈妈准备带越越去他最喜欢的博物馆玩。刚一开门，邻居家6岁的锴锴闯了进来，要和越越一起玩。没等越越发话，锴锴就拿起越越最心爱的玩具火车摆弄起来。越越拉长了脸，一把夺过锴锴手中的火车，连推带拉地把锴锴赶出了家门，并不耐烦地说道："你快走，我要和妈妈去博物馆了，没时间跟你玩，赶快走！"锴锴的眼泪一下子就掉了下来，委屈地回了家。

在去博物馆的路上，妈妈跟越越说道："宝贝，假想一下，换作你是锴锴，你去找他玩，他不让你玩他的玩具，还没礼貌地把你赶出家门，你心里会高兴吗？"

越越脱口而出："当然不高兴了！"

"如果锴锴不是那样做，而是说，'我早去早回，等回来了再跟你一起玩'。你会怎么想？"

"那我会说，'好的，我等你回来，你可一定要早点回来呀'！"

"那你再仔细想想，你把锴锴粗鲁地推出家门，锴锴会不会难受？你这样做对吗？"

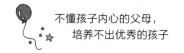
越越惭愧地低下了头，懊恼地说道："锴锴肯定很难过，是我做得不对。"

"那你应该怎么做呢？"

越越一脸认真地回答道："我应该早点回去，找他玩，并跟他说对不起。"

之后，越越果真在博物馆玩了没多久就和妈妈一起回了家，找锴锴玩去了。

这是一位聪慧的妈妈，她没有直接命令儿子不许怎么样，而是以一种换位思考的方式，一种商量和建议的语气，一步一步教育儿子体会别人感受，帮助儿子改掉了自私小气的毛病。

说到底，要想实现教育的目的，父母对孩子说话的态度、语气是至关重要的。孩子喜欢听好话，不喜欢听严厉和斥责的话。父母要想让孩子接受自己的意见，就要很好地运用说话的艺术，把孩子和自己放到一个平等的位置上，多站在孩子的立场看问题，把"命令"转化为心平气和地劝导。

当你的想法和孩子的想法发生冲突时，不妨换位思考一下，如果有人不尊重我，只是要我听话，我会是怎样的感受呢？这样一来，你命令式的话语自然减少，也会更加理解孩子。

聪明的父母，说一次就够了

如今，不少父母不再使用"打骂"的方式教育孩子，更多的是讲道理，孩子你应该这样做，孩子你应该那样做。一旦孩子不顺从自己的心意，便不停地强调、说教，千叮咛万嘱咐。

所谓"爱之深，责之切"，或许父母会认为，叮咛和嘱咐是对孩子的爱和用心良苦。可事实上，一句话总是不停地唠叨，同一件事反复拿出来说，这种用唠叨的方式表达出来的爱，往往换来的不是孩子的理解和改变，而是孩子强烈的反感和不满。在这种情况下，再好的道理也很难讲通。

有一年春节期间，我走访亲戚时亲眼见证了这样一段场景。

一群大人坐在一起闲聊时，这位妈妈不时地数落着在一旁看电视的女儿，"你的成绩只是处于中上游，可不能老想着看电视""作业做了吗？我都说了多少遍了，一定要先写作业，你怎么就是不长记性""怎么还坐在那里不动，如果你学习有这个劲头，成绩肯定差不了"……而女儿呢，好似没有听见一样，淡定地在妈妈的指责声中看着节目，妈妈的苦口婆心没有一丁点效果。

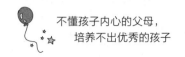
再后来，这位女儿小声地嘀咕道："我总不能24小时都学习吧，真不知道这样没完没了的唠叨有什么意义……"为了避免继续听到妈妈没完没了地唠叨，她无奈地离开客厅，回到自己房间看书学习。可是，这时候她早已经被妈妈的唠叨弄得烦躁不已，哪里还有心思学习？只是看着书本发呆而已。

午饭期间，这位妈妈依旧忙着唠叨孩子，"你怎么老吃肉？不油腻吗？吃点蔬菜""不准喝饮料，等下喝点汤。""不要拿手吃虾，妈妈说过多少次了，这样不卫生，也不礼貌"……女孩就像没听见一样，继续我行我素，接着就是筷子打孩子手的声音以及孩子的哭声。

唠叨，是绝大部分父母的共同特点，这一特点也恰恰是绝大部分孩子最厌烦的一点。父母唠叨孩子的目的是为了将自己的意见和想法传达给孩子，让孩子听进去，有所思考，有所行动。却不知，唠叨正是孩子不听话的原因。

你什么时候最反感父母？

这是知乎上的一个提问，点赞最多的一个回答是父母唠叨的时候。

听听孩子们是怎么说的：

"我爸妈整天就知道唠唠叨叨，虽然我知道他们是为了我好。可是我已经长大了，该懂的道理已经懂了，父母说得次数多了，心里不知不觉就会感到厌烦……"

"只要一听到妈妈的唠叨声，我就有一种发疯的感觉，恨不得在耳朵里塞上小纸团……"

……

父母的一片好心，怎么会造成这种结果呢？

随着孩子年龄的增长，心理逐渐成熟，他们希望父母能够理解自己，能够给自己适当的建议，而不是没完没了地唠叨，因为唠叨明显是不相信自己的一种表现。更何况，父母的唠叨往往是指责多，夸奖少；抱怨多，安慰少，也难怪孩子们会对此心生不满，甚至是厌烦。

唠叨，是父母与孩子之间最大的沟通障碍！当你说100遍孩子也不听不改时，就要及时反思自己的教育方式。

父母的唠叨，远没有给孩子合理的建议对孩子帮助大。我们知道，案例中的妈妈只是担心孩子因为看电视耽误了学习，这也是情有可原的。毕竟孩子的自制力比较弱，很容易因为看电视而忽略了学习。这个时候，其实妈妈可以事先和孩子达成协议：看半个小时电视之后必须学习；或是帮助孩子制定合理的时间计划表，安排好看电视和学习的时间。那么，等孩子的学习时间到了，妈妈只需要说一句"学习的时间到了，你必须按照协议或是时间计划表做事"，就可以达成说教目的。

不要对孩子唠叨个没完，很多事情其实只要父母稍微提醒一下，或是嘱咐一次，大部分孩子都是可以明白的。为了引起孩子的注意，我们可以明白地告诉孩子，"你听好了，这话只说一遍"，在对孩子说的时候一定要突出重点，挑选有分量的话，也可以重点解释一下其中的要点。

例如，当一个习惯马虎的孩子，在出门忘记带铅笔盒的时候，父母不应该不停地埋怨孩子"忘性大""丢三落四"，而是应该在出门的时候提醒孩子检查书包，看是否有遗漏的东西。相信这样的提醒和建议，往往比在孩子耳边唠叨他马虎更有效，更有利于帮助他改正这一不良习惯。

不要带着情绪和孩子说话，比如："为什么你总是不知道收拾自己的房间？"这种带有指责和批评意味的话语，会让孩子伤心、沮丧，有挫败感，从而自动屏蔽父母的话。你可以站在客观的立场教导，比如："你的房间最好收拾一下。"这种不带负面情绪的话语，会让孩子更乐于听，自然也能省去无数

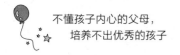
地唠叨。

在教育孩子的过程中，嘱咐也好，批评也好，抑或是提醒，应该做到点到即止。父母如果想让孩子做什么事，应当先设身处地为孩子考虑一下，然后选择一个恰当的时机，与孩子心平气和地交流，这比喋喋不休更有效。这样的父母往往是宽厚、温和、从容的，也定会成为孩子最喜欢的人。

孩子的面子，就是我们的体面

在实际生活中，我时常会看到这样的情形：当孩子犯了错误，有些父母会在大庭广众之下严厉地批评孩子，明明孩子已经在一旁伤心地哭泣了，可父母依然满脸怒气地训斥着。

许多父母根深蒂固地认为，当众批评孩子可以让孩子产生羞耻心，能更好地认识到自己的错误，避免再犯同样的错误。甚至，很多习惯当众批评孩子的父母，名义上是为了让孩子改正错误和缺点，但实际上最关注的还是自己的面子，他们当众教育孩子，只是为了显得自己有教养、有家教！

可这样的教育观念真的是正确的吗？答案当然是否定的。在大庭广众之下教育孩子，对孩子说长道短，不仅不会起到应有的教育作用，反而会伤到孩子的自尊心。

去学校参加亲子活动时，我看到让人心塞的一幕。

在自我介绍环节时，一个爸爸在台下不断推拉着一个小男孩："快去快去，男子汉大丈夫，还不快点上去练练胆。"

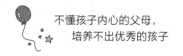
"我不要，我不要。"小男孩将头摇得像个拨浪鼓。

见儿子不肯上去，爸爸开始动怒，训斥的声音也越来越高："不上去就别跟我回家，早知道你这么不配合，我都懒得陪你参加这次活动。"

周围的同学都好奇围观，小男孩低着头，一声不吭，脸涨得通红。

男孩终被爸爸推上了台，主持人温和地询问孩子问题，孩子因为紧张回答得支支吾吾。

好不容易下了台，男孩松了一口气，赶紧朝爸爸跑过来，爸爸却粗暴地把孩子扯了过去，戳着脑门骂他没用："我供你上学，供你吃饭，是为了让你光宗耀祖，不是丢人现眼的！"爸爸撂下这句话，还一脸怒其不争的和周围人说："我这个儿子真没用，不像你们孩子表现得那么好。"

"这么多人就别说了，给孩子留点面子。"我好心劝说道。

"孩子那么小，要什么面子？有错就该骂，该批评就得批评。"这位爸爸回答。

男孩的眼泪滴滴答答流下来，我都不忍心再看向他，生怕再给他一丝压力。

离开时，男孩使劲将脑袋耷拉在衣领里，沮丧地跟在气冲冲的爸爸后面。

这位父亲的做法，无疑让儿子在同学面前丢尽了脸面。也许在心里，他会这么想："我已经没有尊严了，那我还好意思和别人说话吗？不，我要把自己藏起来！"

每个人天生都在乎自己的面子，我们如此，孩子亦是如此。大庭广众下的批评，并不能让孩子认识到错误，反而很容易伤害孩子的自尊心。儿童的尊严是人类心灵里最敏感的角落，孩子的自尊心如果被碾碎，就会成为一道难愈的伤疤，导致孩子越来越胆小怯弱，越来越自卑内向，与父母渐行渐远。

那些习惯当众批评指责孩子的父母，不妨想一想：如果领导当着全体员工的面批评你，你会有何感想？如果你的爱人在大庭广众之下对你百般挑剔，指责你这儿做得不好，那儿做得不对，你是不是觉得脸上火辣辣的？换位思考一下，你就能明白，当众批评和训斥孩子，对孩子的伤害有多大！

任何人在当众受到批评和指责之后，都不会心平气和，因为他们的自尊心受到了极大的伤害。更别说一个年幼的孩子，而且这指责和打击还是来自自己的父母。作为父母，我们要顾及孩子的感受和自尊，即便孩子真的犯了错误，也应该讲究方式方法，切不可当着众人的面批评、指责孩子。

维护孩子的自尊、尊重孩子的人格，这是教育的基本原则。

当孩子当众犯错时，我建议父母应该先给予暗示，如果孩子仍然犯错，父母应该把孩子叫到一旁私下批评，或者回家后再对孩子进行教育，心平气和地问孩子错在了哪里。这样既维护了孩子的尊严，又能让孩子感受到来自父母的尊重和宽容，更能有效地让孩子认识并改正自己的错误。

很多时候，孩子的面子，就是我们的体面。

上个学期的期末，临近下班，我接到学校老师的电话。儿子因为课堂上没有完成背诵的课本内容，放学后要留校，要求家长陪同并监督。看到其他家长一个个兴高采烈地带着孩子放学回家，而儿子依然背得磕磕巴巴时，我心中难免窝火，想把他大骂一顿，可想到周围还有其他同学，我冷静了下来，心想：如果我在这里批评他，他肯定会觉得没有面子，心里也会不好受。

我不断地告诉自己"不要焦，不要躁，要心平气和"，耐着性子给儿子讲解课文的含义，帮助儿子在理解的基础上进行背诵。将近半个小时，儿子才顺畅地背诵下来。在回家的路上，我和儿子认真分析这次留校的原因，进电梯的时候，看到有人走了进来，我立即打住了话头，岔开了话题。

"妈妈，谢谢您。"回到家，儿子突然对我说。

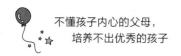
　　"谢我什么？"我不解地追问。

　　儿子解释道："您从来没有在外人面前批评过我。我最近的表现有些不好，让您失望了，不过我会好好改正自己的错误的。"

　　儿子原本以为我会狠狠地批评他，没想到我不仅没有当着外人的面训斥他，还包容了他的错误，我的行为让儿子很感动，同时也让他很自责。现在想想，如果当时我没有顾及儿子的自尊和感受，当众把他痛骂一顿，结果会是怎样的呢？他还愿意主动改正错误吗？我想应该不会。

　　英国作家洛克说过："对儿童进行批评时，要在私下里执行。对儿童的赞扬，则应当着众人的面进行。父母越不宣扬子女的过错，则子女对自己的名誉就越看重，因而会更小心地维护别人对自己的好评。如果父母当众宣布他们的过失，使他无地自容，会使他失望，因而父母制裁他们的工具也就没有了。"

　　无论什么情况，训子勿在广众下。这是所有父母必须牢记的教条。

第6章
很多事没有对错之分，只有站位不同

　　判断一件事情的对错时，许多父母习惯用最直观的层面去分析，但其实很多事情不能只带着是非观去看待，更不能顽固地用对错衡量。多些温暖和善的目光，站在孩子角度去想想，往往更能触及真相和本质。

好父母会反思：一定总是孩子错吗？

"你做事总是丢三落四，为什么这么粗心？"

"你为什么和同学打架？你怎么这么不听话。"

"你是不是在说谎？说谎不是好孩子。"

……

当孩子做了令我们不满或失望的事情时，不少父母会要求孩子承认自己的错误，甚至大声地责备，无情地打骂，强加给孩子一些评判……这时候，场景往往会演变为，胆子大的孩子大声反击。胆子小的孩子鼻涕眼泪横流。无论哪一种，无疑都是无效的教育，也是情绪失控的教育。

接孩子放学的时候，我在学校门口看见一个妈妈在训斥自己的孩子。

"你这孩子怎么总是惹是生非，太不听话了……"

"是他先动手的……"孩子辩解道。

"人家为什么打你不打别人？是不是你惹人家了？"妈妈继续呵斥道。

孩子低着头，搓着红领巾不说话。

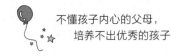
"知不知道错了？知不知道？"妈妈余怒未消，依然指责着。

小男孩的眼泪吧嗒吧嗒地往下掉，我看得心里有些难受。

孩子在学校和同学动手，是不对。但是大人不分青红皂白地指责，就对吗？事出必有因，孩子每个行为的背后都有原因。有时候，我们自以为了解孩子某种行为的原因，从而不愿意好好听听孩子怎么说，甚至认定他们的动机就是坏的。在无法申辩的情况下遭受到判决，显然这会使孩子陷入无助无力模式。

试想，当有人不分青红皂白地指责你做错了事情时，你又会怎么做呢？一般来说没人会真的想做坏事，因为不想被人误解、冤枉，我们肯定迫切地想要和对方解释。解释什么呢？自然是解释原因，把事情解释清楚。当我们武断地指责孩子做错事时，又是否给予了孩子解释的权利和机会呢？

为什么不尝试着走进孩子的世界呢？人非圣贤，孰能无过。每个人都会犯错，这一点不仅是孩子，就是大人也不例外。为人父母，绝不能因为孩子缺乏明辨是非的能力，就认定孩子的所作所为是错误的，就不听他们的解释。这样做的后果就是，孩子会对父母的批评教育产生反感和排斥。

虽然，孩子由于年龄小、心智不太成熟，对事物缺乏明辨是非的能力，但这并不代表他们就没有自己的想法和思维方式。哪怕由于判断能力差而做了错事，父母要批评要责骂，也应该冷静下来，先认真倾听孩子的想法、动机、理由，等孩子说清了事情的原委后，再决定处罚方式也不迟。

听听解释，就事论事，这比情绪化的语言更接近孩子的心灵。

这天，儿子一放学就躲进了书房，不出来吃饭也不说话。其间，我连续叫了他几次，他都没有任何反应，这时我不免责骂了他几句："你这孩子到底怎么回事？妈妈叫你吃饭，你也没有反应，真是太没有礼貌了！"谁知，儿子竟然跑出来对着我大吼了一声，然后闷着头又返回了书房。

有话必须好好说，不能大吼大叫，更不能打人。这是我们家的一条家规。儿子刚刚的举动令我感到十分恼火，原想好好地教训他一番，但是转念一下，他平时还是比较听话的，今天这么没有礼貌，脾气这么大，是不是有什么心事，或者遇到了不高兴的事情，于是我轻轻地敲了敲房门，走进书房。

"宝贝，你现在还好吗？"我心平气和地问道。

"没什么。"儿子趴在桌子上，看得出很不开心。

"发脾气解决不了问题，到底发生了什么事，能和我说说吗？"

我的话音刚落，儿子的泪水夺眶而出，说起了自己的委屈："今天班上一位男同学抢了我的足球，我让他还给我，可是他不还，还故意将足球放在地上使劲地按。我担心他把足球弄坏了，就动手去抢，结果不小心推倒了他。事后我向他道了歉，他却说不会原谅我，以后也不和我一起玩了。"

听到儿子的这番话，我询问道："他抢了你的足球，不还给你，你感到生气？"

"嗯。"儿子哽咽着。

"你不小心推倒了他，可道歉后不被原谅，又让你很委屈，对不对？"

"就是这样。"儿子回答。

"这是因为，每个人的宽容度不一样，我们不能苛求别人和自己一样。"我耐着性子解释道，"那位同学抢了你的足球，不肯归还，还使劲地按，这是一种没有礼貌的行为。以后再遇到这种事情，你要控制自己的情绪，尽量语气平和地去商量，或者也可以找老师解决，不要动手，好不好？"

"好的。"儿子点点头。

"妈妈一直强调，知道认错就是好孩子，你知错了，证明你做得很好。而且你是为了保护自己的足球，你很勇敢。"我继续劝导和安慰道。

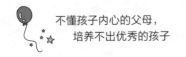
　　渐渐地，儿子的情绪平静了下来，说道："您的倾听和安慰给了我自信，不仅让我从委屈和失落中走了出来，还让我有勇气检讨自己。谢谢您能懂我！"

　　当儿子不理不睬，大吼大叫的时候，我虽然为此感到生气，却没有责怪他不懂事、不听话，而是询问他是不是有心事，是不是遇到了什么烦恼。通过倾听儿子的委屈，及时地给予安慰，我顺利地走进了儿子的世界，取得了他的信任。试想，如果我对孩子严厉呵斥，又会得到怎样的结果？

　　不管对与错，先听听解释，再解决问题。

　　父母是孩子最信赖的人，孩子有什么喜怒哀乐都会第一时间与父母分享。不管孩子是真犯错还是另有隐情，我们千万不要急着训斥和责骂孩子，而是应该保持理智，冷静下来，听听孩子的解释，让孩子表述一下自己做这件事的原因。孩子的世界并不难懂，只需要父母多一些耐心，多一些细心。

　　如果孩子确实做错了，父母适当的教育批评也未尝不可，但要尽量把孩子的错误当成学习的过程，引导孩子认识到自己的错误，主动道歉，并加以改正，杜绝下次再犯。遵循"错误——学习——尝试——纠正"这样一个规律，在错误中获得做事的正确方法，才是明智的方法，才是有效的教育。

　　若孩子是无辜的，是被冤枉的，并没有做错事情呢？那我们除了安慰和表扬孩子外，还要告诉孩子勇敢地坚持自己的立场。这样，不仅会让孩子勇于表达内心最真实的感受，而且还能教会孩子正确认识对与错，进一步明确自己的是非观，这对孩子良好性格的养成和成长都是非常有利的。

　　在我看来，判断孩子行为的对错，结果是次要的，最重要的是孩子的动机是怎样的。孩子因为年龄小，能力弱，经常会有好心办错事的时候，这个时候我们更不应该责备孩子，大可以忽略事情的结果，或者强调正确的动机，告诉孩子："虽然你摔坏了碗，但你是为了帮妈妈分担家务，没关系。"

孩子不分享≠自私，别再逼他了

在某个社区公园里，两个年龄相仿的孩子在互相推搡。旁边一位妈妈一把将他们拉开，和其中一个女孩说："媛媛，你们是好朋友，对不对？好朋友要学会分享，你都玩了好久了，让烁烁玩会儿，听话。"

"这是我的汽车。"媛媛嘟着嘴，不肯撒手。

原来两个小朋友在争抢一个汽车玩具，媛媛妈妈的脸色暗了下来："是你的没错，但是大家一起玩才快乐，不懂得分享的话，没人喜欢和你玩。"

"我不要，我不要。"媛媛哭闹起来。

"我一直教你要学会分享，你怎么这么自私呢？"媛媛妈妈说着强行把玩具夺了过来，并给了另一个孩子。

顿时，媛媛大哭起来，妈妈怎么哄都不行。

……

关于分享的各种困扰，历来是让父母最头疼的问题之一。作为父母，相信我们都希望自己的孩子大方得体，当孩子拼命护着自己的玩具、食物不肯与人

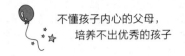
分享时，我们会觉得这是一种没有教养的行为，甚至采取强硬措施逼迫孩子分享，并断言现在的孩子自私霸道。

其实并不是这样的，在我看来，这只是孩子一个正常的发展阶段。孩子的分享意识不是与生俱来的，而是随着认知能力、社会发展以及外在引导形成的。一般来说，孩子两岁左右会进入"物权敏感期"，开始认识到自己的东西是自己的，他们"护东西"其实是想要保护自己的东西，争取属于自己的利益，这完全属于孩子的物权表现，因为他们还不具备分享的概念和能力。

当父母通过强迫、引诱、哄骗等手段刻意地让孩子分享，甚至给孩子这种正常的心理发展贴上"自私""霸道"等标签时，不仅不能教会孩子分享，反而会伤害孩子幼小的心灵。孩子会认为他所拥有的东西不一定是他的，进而引发不确定感，这无疑会打击孩子的自信心和安全感，破坏亲子关系。

我们可以站在孩子的角度思考一下，当你有一样特别喜欢，特别珍贵的东西，你会舍得与别人分享吗？假如有人看到你的结婚戒指很漂亮，说要试戴几天，你会愿意吗？在孩子的心里，他们的玩具和零食不亚于我们的结婚戒指。连我们自己都做不到的事，为什么要强迫孩子完全做到呢？

孩子不愿意分享是一种客观现象，我们要尊重孩子的自我意识发展，以一种客观的态度去看待他们关于分享的种种"不合理"行为，然后在合适的时机加以正确引导。

"分享"对于孩子来说是抽象的概念，我一般会采用生动形象的方式帮助孩子去理解。

我其实还算是一个大方的人，平时喜欢帮助别人，有好东西也愿意与人分享。因为这种大方的性格，我结识了不少好朋友。我一直希望自己的儿子长大后也能拥有这种性格，走到哪里都深受欢迎。可令我郁闷的是，儿子好像并没有继承我的这一优点，特别护自己的东西，即便是对我。

有一天，我看到儿子在吃薯片就故意问："可以给妈妈一片吗？妈妈也想吃。"

原本我以为儿子会分享，可谁知他把袋子护住说："我还要吃的。"

"这袋薯片是妈妈给你买的。"我说道。

谁知儿子一本正经地说："你已经给我了，就是我的了。"

儿子的话令我有些哭笑不得，同时也意识到这是一次教育他的好机会。于是，我没有强迫他分享，而是转身拿来一瓶儿子最喜欢的酸奶。

儿子看到酸奶，立马凑了过来："妈妈，我想喝酸奶。"

我故意说："这是妈妈的，不是你的，你不能喝。"

儿子才不管是谁的，过来就要抢，我把酸奶举得高高的，对他说："妈妈这是跟你学的，你不把薯片分享给妈妈，妈妈也不和你分享酸奶。"

眼看喝不到酸奶，儿子可怜巴巴地说："好吧，我和你分享薯片。"

听到儿子的话，我想我的目的应该是达到了，于是大方地把酸奶拿给了他。然后趁此机会对他进行说教："你分享给妈妈薯片，妈妈分享给你酸奶，这样我们都开心，对不对？如果你把你的东西拿出来跟大家一起玩、一起吃，那么大家就会愿意跟你玩，你也会从中感到更大的快乐，是不是？"

儿子想了一会儿，笑着点点头。

从那以后，只要家里来了客人，儿子都会主动把自己的东西拿出来分享给其他人，不管是吃的，还是玩具。他也因此受到了表扬，大家都夸他是一个大方、懂事的好孩子。

只有建立在孩子快乐、自愿的基础上，分享才是一种美德。当孩子越来越多地感受到分享带来的快乐时，也就会越来越愿意与人分享。

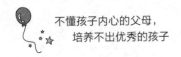
　　孩子的模仿能力和塑造性特别强，如果父母自私自利，不愿分享，很难让孩子养成慷慨大方的习惯。所以在家庭生活中，父母要善于抓住时机为孩子做好示范带头，如用好吃的东西热情接待客人；邻居前来借用物品时不要吝啬；当父母有什么快乐的事情时，以分享的姿态讲给孩子们听……在潜移默化中，孩子自然就会建立分享的动机，就会不自觉地模仿父母分享的行为。

　　我们还可以和孩子一起将物品分类，哪些是愿意分享的，哪些是不愿意分享的，如何分类由孩子自己决定，尊重孩子并给予他们选择的空间。如果孩子主动跟别人分享了自己的东西，要及时表扬，告诉他做得很棒，分享被认可也会让孩子感到快乐，相信他早晚会迈出快乐分享的那一步！

顶嘴的孩子，没你想象得那么糟！

在我们的传统意识中，"听话教育"已经根深蒂固，"听话"一词也成了不少父母挂在嘴边上频率较高的词，经常教育孩子在家里要听爸爸妈妈的话，在学校要听老师的话，工作上要听领导的话……如果孩子听话，就归为"好孩子"；如果孩子不听话爱顶嘴，就视为"坏孩子"。

王凯爸爸最近心情有些糟糕，因为王凯在家里经常顶嘴，父母上班已经很辛苦了，可是他却还是不让父母省心，处处与父母对着干。

王凯每天放学一回到家就要看电视，妈妈让王凯先写作业，王凯却反驳："你们上班累了，我上学也累了，休息下有什么错。"

"你看邻居家的小然，每天回家先写作业。"妈妈说道。

王凯直接撂出一句："她好，那你怎么不认人家做你的孩子呀？"

"不让你看电视是为你好，你眼睛都快近视了还看！"爸爸说着就要关电视。

"这还不是怨你们，你们忙工作的时候，为了让我不要到处乱跑，总是打

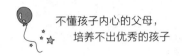
开电视让我看，让我爱看哪个看哪个。"

爸爸一下子就恼火了，吼道："说你一句，你还十句，你还有理了？"

"可是凭什么都是我的错？"王凯不服气地回击。

"你……"爸爸恼怒之下一巴掌扇过去，王凯哭着跑回房间。

少看电视明显是为了孩子好，但为什么到最后一地鸡毛？因为孩子顶嘴。

相信，生活中不少父母苦恼于孩子顶嘴的现象，"孩子大了，翅膀就硬了，我说什么他都要顶嘴""我说一句，他有十句等着你，不还嘴他就不会说话了"当孩子越来越不听话的时候，我们很容易就会被激怒，为了维护父母的威严，就会给孩子一点"颜色"看看，将孩子打骂一顿。

只是，这并不能有效制止孩子顶嘴的恶习，也树立不了在孩子面前的威严，用打骂的教育方式去教育孩子只会让他们更加叛逆。

孩子为什么喜欢顶嘴？其实，这不是有些父母口中的"孩子翅膀硬了""儿大不由娘"，而是他们有了自己的想法和独立的愿望，迫切想要在父母面前证明自己，以此来显示自己的能力。但由于经验与阅历的匮乏，他们在某些方面的认知不是很完善，便会用顶嘴的方式宣告自我意识。

为什么父母不喜欢孩子顶嘴？在我看来，其实这跟父母自身的思维有关。孩子小时候因为认知能力发展有限，依赖父母的保护和引导，在父母面前会比较乖巧听话。我们习惯了孩子顺从的态度，一旦孩子顶嘴就会觉得自己的权威受到挑战，这种失控的感觉会让我们失落，所以第一反应就是生气。

明白以上两点之后，若是遇到孩子顶嘴，反驳自己时，我们要控制自己的情绪，不要过于冲动，也不要急着动怒，保持冷静，并试着去理解孩子，与孩子平心静气地沟通。只有和孩子进行良好沟通，了解孩子顶嘴的具体原因，我们才能知晓孩子内心真正的想法，从而对症下药。

莉娜妈妈在厨房烧菜，发现家里没有盐了，便让莉娜去楼下超市买一袋盐。结果，连着说了三遍，莉娜却像没有听到一样，纹丝不动。

"你这孩子怎么回事？让你去买盐，你就快去。"妈妈催促道。

谁知莉娜不耐烦地说："要去你自己去，反正我不想去。"

自己辛苦上一天班，回家还要忙着做饭，女儿不但不听话，还和自己顶嘴，莉娜妈妈有些生气，但转念一想，打骂也解决不了实际问题。所以，她抑制住心中的怒火，心平气和地问莉娜："你为什么不去呀？"

莉娜低着头踌躇了一会儿，才开口说道："那家超市是小虹家开的，小虹这次的考试成绩比我好，在班上的名次超过了我，我不想看见她，怕她笑话我……"

原来如此，了解到莉娜顶嘴的具体原因后，妈妈庆幸自己刚刚没有使用武力解决，不然可就将彼此的关系弄僵了。于是，妈妈拉着莉娜的手，面带笑容说道："原来是这样，我能够理解你的心情。那这样的话，你以后更要努力学习了，等你在学习上超过她，你再去她家超市就能理直气壮了！"

"嗯，我一定会超过她的。"莉娜用力点了点头。

一场即将爆发的"战争"，就这样在心平气和地沟通中轻而易举地化解了。

孩子顶嘴，其实没有我们想象得那么糟！这不是孩子变"坏"了，更不是孩子在挑战你，而是他们表达想法的一种方式而已。所以在孩子跟自己顶嘴时，父母不必焦虑，不必愤怒，不妨冷静地告诉自己，这是孩子长大了，他有自己的想法了，然后保持平和的态度询问孩子，顶嘴的原因是什么。

一位心理学家曾说过一段话："孩子顶嘴的时候，父母不要把这看成是孩子的反抗，不如理解成孩子在索求父母的爱和关注。"对此，我深以为然。

"我只是想把最喜欢的动画片先看完，每天只有半小时，爸爸坚决说不行

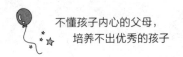

就把电视关了，而且他总是用命令的口气跟我说话，这让我很不高兴。"

"他们总是让我听他们的，但是我已经长大了，我就想勇敢地说出自己的想法。"

"爸爸妈妈每天都忙自己的事情，如果我不大声顶嘴的话，他们好像根本不会在意我。"

"我看到妈妈每天很累很辛苦，我想帮她分担一点家务，可她却指责我不去看书。我感到很委屈，就和她顶嘴了。"

……

从这些孩子的回答中，你能看出来吗？孩子和父母顶嘴并非无缘无故。鉴于此，我们也应当反思一下自己，站在孩子的角度去思考，跟他一起分析问题和解决问题。冷静、耐心、沟通、理解，听听孩子是怎么想的，怎么说的，才能化矛盾于无形，亲子之间才能和平友好地相处，融洽而和谐地沟通。

在每个孩子的成长过程中，跟父母多少都会出现矛盾，顶嘴也是很正常的事情。与其直截了当地对孩子说"不许顶嘴"，不如说"我不喜欢你这样说话，你能换一种口气说吗"。父母平日处事平和，不急不躁，遇到长辈时言行尊重，鼓励孩子讲出自己的感受，孩子自然会听从教导，而不是顶嘴。

忍住别插手！让孩子"爆发"好了

无论是谁，都有情绪不好的时候，大人如此，孩子也一样。只要有情绪，就需要一个宣泄口。令人遗憾的是，许多父母都没有学好这一课。在生活中，我经常看到有的父母为了纠正孩子的坏脾气，常常在孩子发泄情绪的时候强行打断，甚至以"武力"对待，这种做法非常不明智。

朋友刘姿事业有成，家庭幸福，但是一提到自己的儿子烨烨她就会唉声叹气："男孩子应该是刚强的、勇敢的，可烨烨遇到一点小事就哭，这使我十分忧虑。"

这天，我去刘姿家串门，刚一进门就听见烨烨在哭。原来烨烨最喜欢的恐龙玩偶坏了，他很难过，一直在闹情绪。"坏了就坏了，你哭什么，你再哭也好不了。改天再给你买个新的不就行了。"刘姿不耐烦地说道。

听到这话，烨烨不仅没有停止哭泣，反而哭得更大声了："我就要这个。"

"你这个孩子怎么这样任性呢？"刘姿不耐烦地说道，"同样的玩偶有什么不一样的？"

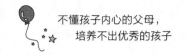
可没想到，烨烨生气地大喊道："不是你的，你当然不在乎了！"

"住嘴！你要是再哭，就不给你买了。"刘姿斥责道。

顿时，烨烨号啕大哭起来。

一直站在一旁观察的我，终于了解烨烨平时爱哭闹的原因了，于是对刘姿说道："其实，烨烨今天之所以哭得这么伤心，并不完全是因为最喜欢的玩偶坏了，而是因为你拒绝让他发泄自己的情绪，没有体会到他内心的感受，对他难过的心情不予理解，所以才会让他情绪变得越来越激动。"

"不要再哭了，再哭大灰狼就把你叼走了。"

"不就是踢球输了吗？有什么可郁闷的。"

"一天到晚动不动就哭，真是烦人。"

……

多少父母说过诸如此类的话，殊不知，当孩子的情绪来了的时候，如果父母没有顾及孩子的情绪、没有理会孩子的感受，更没有真正解决孩子的问题，孩子会因此更加伤心难过，并且情绪变得更糟糕，甚至会哭闹、摔门、大发脾气。更糟糕的是，这很容易给孩子造成一些负面影响。

许多父母抱怨现在的孩子脾气大，但坏情绪不是一下子爆发的，要么是长期压抑，要么是引导不当，等你看到的时候不过是从量变到了质变。

一位同事的女儿今年上幼儿园，提前几天她再三嘱咐："到了幼儿园不要哭，不然老师会不喜欢你。"正式入园后，看见别的小朋友都在幼儿园门口哭，同事十分紧张，可是女儿却不哭不闹，自己走进了幼儿园。同事一开始还很高兴，觉得女儿乖巧又懂事，一点都不用自己担心和焦虑。可是幼儿园老师却反映说，女儿在幼儿园的状况不正常，不仅不爱说话，还经常尿裤子、啃指甲，很有可能是心理焦虑造成的，爸爸妈妈最好多关注一下。

孩子不哭不闹并不意味着没有情绪，很可能是孩子把情绪都积压在心里，不知道怎么表达、怎么释放，如此，孩子的情绪管理能力也无从培养。

所以，我的建议是当孩子出现不良情绪的时候，父母不要强行打断，而要耐心询问孩子发生了什么事情。这里需要注意的一点是，无论孩子说什么，父母都不要苛责，而要学着接受孩子的情绪，感受孩子的内心世界，并对其遭遇表示理解，这样才能有效帮助孩子合理地缓解不良情绪。

下面的这几个方法，父母们不妨试试看。

首先，多用"你现在有些难过，是吗""你的心情，我想我明白的"等句子，这些句子虽然简单，却可以非常有效地帮助孩子。因为这些都是接纳孩子情绪的表达，可以让孩子感受到被认同、被理解，进而迅速地平复心情。等孩子的心情平静了，自然而然地就会说出自己的想法。

当烨烨开始号啕大哭时，我赶紧上前问道："烨烨，你很喜欢这个玩偶，是吗？"

烨烨抹了一把眼泪，使劲地点了点头。

"心爱的玩偶坏了，这真是让人难过的事。"我继续说道。

烨烨变成了小声抽泣，并开始用目光和我交流。

"可不可以告诉阿姨，你为什么喜欢它呢？"我摸摸烨烨的头，询问道。

接下来，烨烨开始用稚嫩的语言讲起自己和玩偶的故事。

……

对于孩子的情绪反应，不管是悲伤、委屈还是愤怒，父母如果不能做到理解，那么其他任何言行都会遭到孩子拒绝。而一句体贴的话语、一个认可的眼神、一个关爱的动作，则可以让孩子与你的情感联系得以加强，孩子就会知道：自己的感受是可以被理解的。进而从中得到安慰和鼓励。

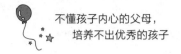
其次，无论孩子怎么哭闹，父母一定要保持冷静，这是非常必要的。面对孩子的负面情绪，我们很有可能会受到来自孩子行为、言语上的刺激变得和孩子一样，激发出强烈的负面情绪。这时，对于孩子来说，他不仅要承受自己的负面情绪，还要承受父母的负面情绪。试想一下，孩子是不是很可怜？

父母保持心平气和，孩子才会用平和的态度去面对问题、解决问题。而且，孩子的坏脾气背后一定是有原因的，而父母的责任就是找到那个原因。

一次，儿子放学回家后闷闷不乐，连作业也不愿意写，一问得知是他上课走神被老师批评了几句。我本想质问儿子为什么上课走神，教训他课堂上要好好听课，但转念一想，我心平气和下来，问道："你今天上课为什么走神？是因为有好玩的事情，还是你想到了什么，或者有些犯困？能跟妈妈谈一谈吗？"

儿子踌躇了一会儿，回答："我有些犯困，所以精力不集中。"

"你知道为什么犯困吗？"我进一步说道，"因为你昨晚完成作业时有些晚，晚上没睡好觉，所以第二天没精神，以后我们争取早些完成作业，早些睡觉，晚上睡好了白天才有精神。而且老师批评你是因为关心你，想帮助你，并不是针对你，对吗？课堂45分钟，你专心听讲，成绩才会好。"

儿子沉默了一会儿，从书包里拿出作业本，乖乖地写作业去了。

情绪本身是没有对与错的，当负面情绪来的时候，教会孩子如何正确地发泄情绪才是关键。

情绪是通过表达发泄出来的，孩子年幼的时候不太擅长语言表达，一有情绪就会用大哭大闹来表达。为此，父母要教会孩子进行合理的情绪宣泄，比如和父母谈一谈、写写日记、放声高歌、吃好吃的、多多运动等，这些都可以帮助孩子疏导情绪，让孩子从不良情绪中解脱出来。

当然，情绪总归是需要管控的，为此父母不妨为孩子制定规则，可以适当地发脾气，但是必须要有规则。比如，每次生气不能超过3分钟，还可以把规则写下来，一旦孩子乱发脾气，不妨让他看看自己的承诺。孩子都是好面子的，不愿做一个不诚信的人，因此，孩子自然会适当地收敛脾气。

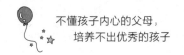

让孩子从叛逆的"泥沼"里爬出来

相信做父母的都有这样的体会，孩子小的时候一般都非常听话，可是慢慢长大点后，或多或少都有些"不受教""不听话"，总是喜欢和自己对着干，你让他往东他偏往西。而且，你越是耳提面命、谆谆教导，孩子越会对着干，不管你说什么，也不管对自己有多大好处，一律先否定再说。

玮玮原本是个很听话的孩子，学习成绩也很优异，爸爸妈妈一直为有这样一个女儿而骄傲，所以一直以来对她十分放心。但最近情况悄悄发生了变化。玮玮的爸爸妈妈发觉，以前很乖的女儿现在十分情绪化，动不动就发一些莫名火，有时候爸爸妈妈多说两句，她就会表现出满脸的不耐烦。

周末的早上，妈妈叫玮玮起床吃饭。等了半天，玮玮都没有出来。妈妈催促了几句，玮玮却用被子蒙住了头："好啦，不要叫了，你们先吃。"

好不容易等玮玮洗漱好，妈妈赶紧给她端上早餐，一边夹菜，一边嘱咐："来，多吃点蔬菜，对身体好。"谁知，玮玮大叫着"我不要"，并把菜扔回了菜盘。

看到这种场景，妈妈无奈地叹了一口气，说趁着周末一起去乡下的奶奶家看看。玮玮以前最喜欢去奶奶家，现在却撇撇嘴说道："没有什么好玩的，我不想去，我要在家看电视，要去你们去。"后来还是爸爸参与进来，好说歹说，玮玮才跟着去了。但一路上她一直嘀嘀咕咕的，十分不高兴。

"玮玮，在车上要坐好。"

玮玮把左腿伸了回去，谁知立即又将右腿搭了上来。

"玮玮，一会儿见到长辈要问好。"

"我知道了，真烦人。"

……

明明孩子近在眼前，却仿佛远在天边。为什么会这样呢？孩子的种种表现看似不可理喻，实际上就是所谓的逆反心理。叛逆，顾名思义就是反叛的思想、行为……比如孩子违背父母的本意行事，常常故意做一些父母反对的事情，哪个父母遇上这样的孩子都会苦恼不已、不知所措。

为了让叛逆的孩子听话，不少父母会生气发火，但是粗暴的训斥不仅不会发挥预期的作用，很有可能会伤害孩子的自尊心，有时候也会激起他故意反叛的心理。

那么，孩子为什么会出现叛逆的表现呢？

其实，叛逆是孩子成长发育过程中必然会出现的阶段。随着年龄的不断增长，孩子的自我意识随之逐步增强，总希望做些自己喜欢的事，也希望遵从自己的意愿，不喜欢听从爸爸妈妈的安排及要求。再加上孩子爱表现，希望引起大人的注意等心理特征，就会产生一些叛逆行为。

换一句话说，叛逆的过程就是孩子逐步走向独立和成熟的过程。

我一直提倡父母要采取以柔克刚的教育方式，面对叛逆的孩子更是如此。

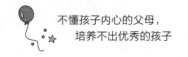
当孩子"对着干"的时候，父母不要惊慌失措，更不要大发雷霆，应该站在孩子成长的角度来看，孩子的叛逆表现实际上是证明了他的心理在成长，为此最好是采取示范、讲道理或转移注意力的方式，循循善诱。

即便在有些事情上，孩子的想法不尽合理，父母也要尊重孩子的意见，让孩子说出自己的想法，然后再帮他指出不足之处。这样，孩子就会感受到自己是被尊重、被重视的，以后他也会愿意对你坦诚他的想法。当孩子认识到自己的行为或者要求是不当的时候，自然也会纠正自己的想法和要求。

在《少年儿童研究》杂志上，有一项"对爸爸妈妈哪些地方不够满意"的调查。统计显示，孩子对爸妈不够满意的地方有58项之多，比如动不动就发脾气，不了解我的心；要求太严，标准太高；不接受我的意见；说话不算数；当我想做自己的事时，他们总不让；总在骂我的时候夸奖别人等。

看了这样的结果，作为父母，你是怎么想的呢？

没错，孩子在父母面前的叛逆，原因其实不全在孩子身上，父母身上也存在很多问题，主要就是教育方式的问题。有些父母对自己要求松懈，却对孩子要求非常严格，孩子又怎么会服从管教？有些父母总把孩子当小孩子对待，这也不让做，那也不让做，孩子感到被束缚，岂能不反抗？

换一个角度来说，为什么我们喜欢听话的孩子？说到底，我们只是希望孩子按照自己的意愿做事。这显然是一种省时省力还省心的教育方法，但这样对待一个自我意识萌发，独立性、自主性正蓬勃发展的孩子，不仅会让孩子丧失判断对错的能力，甚至失去解决事情的能力，未免过于自私。

孩子为什么会和你"对着干"？好好想一想，是不是你平时给孩子压力过大？自己的唠叨是不是过多？是不是没有尊重孩子的想法？

这段时间，明轩妈妈因为孩子的学习问题大伤脑筋。明轩马上就要期末考试了，妈妈一直督促明轩要好好复习，可他非但不听，反而回到家就玩游戏。说过、打过、骂过，可是没有任何效果，还差点把明轩逼得离家出走。"打骂都不听，对于这个儿子，我失望透顶。"明轩妈妈抱怨道。

我问："你们每天跟他说话的内容该不会只有说教和责骂吧？"

"不然还能说什么？"明轩妈妈回道，"我们每天的工作那么忙，那么累，还要抽出时间监督他学习，为了什么？不就是为了他吗？可他倒好，对学习一点也不上心。明明做过的题目也不长记性，这次做错的题下次依然错……照这样下去将来怎么办？我们就这一个儿子，以后就指望他了。"

"你们有没有想过，也许正是你们的一些言行举止欠妥，才导致孩子叛逆，甚至想要逃离这个家呢？"我追问。

看到明轩妈妈若有所思的样子，我继续说道："你们总是逼着他学习，想让他考个好成绩，把自己的意愿，甚至未来的希望，都强加在他的身上，有没有想过他的感受呢？不要总是一味地责骂，不妨静下心来和孩子好好谈谈，了解一下他的想法，发掘他身上好的方面，把责骂换成鼓励和表扬。"

从那天和我聊完天后，明轩妈妈开始改变自己的教育方式，每天抽出半小时与明轩沟通交流。起初明轩并不愿意说什么，一直保持沉默，后来渐渐感受到妈妈的诚意，他才敞开心扉说看到妈妈对自己寄予厚望，每天监督自己学习，他感到心理压力很大，便产生了厌学情绪，越让学越不想学。

"孩子，你不必有太大压力，学习不是为了考个好分数，而是学习知识，掌握本领，这些都是你将来谋生的手段。你尽力就好，如果累了，就歇歇……"明轩妈妈说。

这番发自肺腑的话语，令明轩的眼眶泛红，之后也不再抗拒学习了。

身为父母，我们不该让孩子一切都听从自己的安排。如果孩子的想法和要

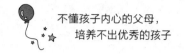

求合情合理的话，父母应该给予一定的理解和尊重，并且适当地放手让孩子自己去解决。亲身的实践和感受，不仅可以提高孩子做事的能力，加深认识，积累经验，也可以有效引导他们从叛逆的行为中解脱出来。

　　调整自己的教育方式，然后积极解决问题。当你学会善待孩子的叛逆心理，你的孩子才更容易顺利度过这段具有里程碑意义的时期。

有些事，若无伤大雅，就顺其自然

最让父母头疼的不是孩子闹事，不是孩子不听话，而是孩子的倔脾气，像牛一样的倔。只要决定好的事情，他就一定要办到，怎么劝都劝不回来。

"我不吃饭，我要先把这个积木搭好！"

"我喜欢这条裙子，就是要买这件！"

……

许多父母经常被自家孩子身上这股倔强劲儿气得火冒三丈，但是我们应该及早认识到，当孩子为某一件事情执着时，代表他们有了耐心、信心和决心，我们应该感到欣慰，千万不要强行阻止。否则会伤害孩子幼小的心灵。要知道，如果孩子失去了执着，那么他们就会失去做事的动力和激情。

对孩子而言，执着一件事情没有好坏之分，他们只是想做自己感兴趣的事情。也许这些事情在我们看来无关紧要，却可以培养孩子的专注力和持续力，只要能有效地将之运用到正确的事情中，比如学习，他们反而在成长的路上更容易成功。当然，前提是父母必须懂得引导。

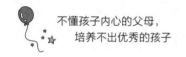
　　王潇是我的一位同事，他的儿子宵宵已经八九岁了，调皮捣蛋不说，还特别喜欢冒险。对此王潇头疼不已。当宵宵想要冒险的时候，基本都会遭到王潇的拒绝，唯一的理由就是"这么危险，你不要命啦"。但丈夫却认为这是男孩子的天性，不仅不反对，反而总是鼓励和支持宵宵。为此，王潇和丈夫没少吵架。但是后来王潇转变了思想，只要是无伤大雅的事就不再过多干预。

　　"是什么原因让你做出了改变？"我问。

　　王潇笑着向我讲述了这个小故事：

　　几天前他们一家人去郊游，宵宵听到知了叫，执意要爬到树上观察知了，王潇反对："不行，太危险了，摔下来怎么办？"而丈夫却说："没关系，儿子，爸爸支持你，上去小心点就行。"宵宵如愿以偿地爬上了树，结果光顾着高兴，不慎踩空摔了下来，好在只是一些皮外伤。因为这件事王潇把丈夫大骂了一顿："就是因为你的纵容，你看，摔下来了吧！还好没有伤到筋骨，不然我跟你没完！"

　　可谁知宵宵提出了一个更过分的要求，他想把知了带回家观察。"不行，家里怎么能养知了，有细菌怎么办？"王潇又是反对。而丈夫却说："儿子，你要想养活知了，必须自己动手做一个纸盒，而且还要采摘一些新鲜的树叶给它。"王潇本来就不赞成，一听到丈夫还给提建议，顿时火冒三丈："你是怎么回事，宵宵那么调皮你不知道吗？我坚决反对，你们说什么也没用。"

　　"我知道，你也是为了孩子好。但是你还不知道宵宵的脾气？一旦他决定要做的事情，谁劝都没用。就算你不让他做这件事，他也会想办法偷偷做，那样才更不安全，还不如在我们知情的情况下让他去做。而且，现在的孩子都没有见过知了，借这个机会让孩子好好观察，锻炼一下也不错。"

　　听到丈夫这一番话，王潇才勉强同意。

接下来的几天，宵宵每天都早早起来，也不赖床了，生怕饿坏了知了；放学后，也不在外面流连忘返，因为他要赶紧给他的知了喂食去。其间，丈夫还辅助宵宵用照片和文字记录知了的日常。后来的作文课上宵宵以"知了"为题写了一篇作文，因为观察细致，引人入胜，获得老师和同学一致好评。

"如果我当初强行阻止孩子，或许就会错过这段有意义的经历。"王潇感慨地说。

现实生活中，一定有很多父母都和我这位同事一样，打着"为孩子好"的旗号，总是阻止孩子做这做那。殊不知，倔强的孩子更容易冲动，我们的阻止不仅不见效，还经常会激起孩子的叛逆心理。如此，不妨放手让孩子去执着那些无伤大雅的事情，让他们在成长与探索中获得宝贵的认知。

从坚持的角度来说，倔强代表有意志，执着代表有主见。当孩子执着于某件无伤大雅的事情时，不要干涉或是强行阻止孩子，要及时给予鼓励和支持，以盟友的身份帮他们出谋划策，并适时地提醒孩子有计划地进行，避免他们过分执着而演变成偏执，这样，孩子的执着才会更有意义。

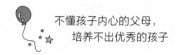
千万不要用爱当作侵犯隐私的理由

在不断成长的过程中，孩子的知识、生活、情感都会逐渐丰富起来，自我意识和独立意识也会不断增强，从对父母言听计从开始走向独立，急于摆脱父母的"束缚"，希望得到别人的尊重，开始要求平等。原先无所顾忌、敞开的心扉也渐渐有意识地关闭起来，不再愿意和父母分享心事。

这是孩子的隐私意识加强了，所谓隐私，就是人们藏在心里、不愿意告诉他人的事情。不妨回顾一下，当你猛然间进入孩子的卧室，他是不是会打个"激灵"，或者手上有什么藏东西的小动作之类的，或者有时孩子干脆告诉你说"没什么事别进我房间"。其实，这些都是孩子有隐私的表现。

这一时期，对父母来说是一个很艰巨的考验。对于孩子的若即若离，不少父母会感到失落、担心、不满，他们为了探究孩子的想法，真实地了解孩子，便会想方设法地打探孩子的隐私，甚至粗暴干涉，认为隐私是成年人才有的东西，小孩子能有什么隐私可言。

其实不是这样的。人人都有自己的隐私，孩子也不例外。

凯凯是个12岁的男孩，以前他只要回到家，就缠着爸爸妈妈诉说学校发生的各种趣事，但是现在他变得安静了不少。有时爸爸妈妈追问今天发生了哪些事情，他也会简单地回答"没有什么特别的事情"。后来，妈妈打扫房间时，发现凯凯的抽屉里多了一个笔记本，还是带着密码锁的。

孩子现在究竟怎么了？是不是遇到什么事情了？为了及时了解凯凯的情况，妈妈尝试着在密码锁上按了凯凯的生日，结果真的打开了。

还没有看上几眼，凯凯冲了过来："妈妈，您怎么偷看我日记呢？"

"妈妈看你日记，是为了多了解你，怎么能说是偷看呢？我想及时发现你有哪些需要帮助的地方，好来帮助你呀！"妈妈解释道。

"可你这种做法伤害了我，以后再也不要乱翻我的抽屉，更不能偷看我的日记。否则，一切后果由你自己负责！"说完一把夺过妈妈手里的日记，将妈妈推出了自己的房间。

一向乖巧的儿子为什么变得如此蛮横？妈妈生气地说："怎么说话呢？我是你妈妈，难道我把你养这么大，还没有资格看看你的日记吗？"

可凯凯却叫喊着："虽然我是您的儿子，但是我也有人权！"

这对母子为什么会爆发"战争"？

在妈妈看来，翻看儿子的日记是一种关心和爱护的表现。

跟凯凯妈妈一样，许多父母之所以会干涉儿女隐私，主要还是因为现在社会很复杂，孩子又不愿意和自己谈心，不偷看他们的日记，不翻他们的书包就不知道他们在想什么，更不知道他们在和什么人来往。这些父母认为，自己对孩子有监护权，所以干涉儿女隐私是合理的，也是为了孩子好。

但是孩子却不这么认为，对孩子而言，父母触碰自己的"隐私"，是对自己的不信任、不尊重，会令他们的自尊心大受伤害，造成沉重的精神压力，甚

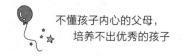
至产生敌意和反抗，采取全方位的信息封锁和防备措施，把自己的心紧紧锁住。这样一来，亲子关系恶化，父母想了解孩子就变得更加困难。

不管孩子是在何种年龄，都有自己独立的人格和隐私权，他们需要他人的尊重，特别是来自父母的尊重。一个真正懂孩子、爱孩子的父母，千万不要以"爱"的名义随意闯入孩子的"隐秘世界"，更不要采取粗暴干涉的强制手段。比如拆信、监听、偷看日记，或者采取打骂、禁闭等手段揪出孩子的秘密。

对孩子而言，尊重和自尊是其主导需要，他们有秘密是很正常的事，没什么值得大惊小怪的。父母应当给予理解和宽容，尊重孩子内心的秘密，尊重孩子人格的独立性，保护孩子的自尊不受伤害，这是获得孩子信任，促进亲子关系的基础。父母越尊重孩子的隐私，与孩子的距离就越亲近。

父母想要了解孩子内心的迫切想法可以理解，但一定要用正确的途径了解孩子。孩子的心就像水晶般透明，无论是难过还是高兴，他的表情总能说明一切，在平时细心观察孩子的一举一动，只要稍微用心观察孩子，一般就会发现他们态度和思想上的变化，根本不用翻看日记来知晓。

多与孩子像朋友一样谈心，这是最简单直接的方式。孩子就在你身边，有什么需要了解、沟通的，直接告诉他，坦诚地说出你的想法，相信他也会对你坦诚以待。这种谈心不是遮遮掩掩的对话，也不是自说自话地讲大道理，而是轻松自如、和谐的互相交流，只有这样，孩子才愿与父母探讨，表达自己的观点。

当今社会，沟通的方式多种多样，传统的、新兴的都可用上。比如现在的许多孩子很小就开始接触网络，会在网上发帖、发朋友圈等，我们完全可以通过这些途径来跟孩子进行互动交流。而且，这些新兴的方式往往更能让孩子接受，能收到意想不到的效果。

另外，当孩子向我们倾诉自己的伤心事，以及在学校遇到的烦心事时，我们一定不能心不在焉地随口附和，"嗯""哦""是吗""那很好啊""然后呢"，这样敷衍的回答让孩子的兴致越来越低，渐渐地就不再愿意跟父母交流了，有什么心事都放在自己的心里，也不愿意表达自己的感受。等孩子年龄大了，我们再想了解他们的喜好，分享他们的心事，就没那么容易了。

在埋怨孩子对自己越来越疏远时，我们应该先反省一下自己不是吗？我们每个人都不喜欢被忽视的感觉，孩子同样如此。

日常生活中，只要孩子愿意和我们分享自己的感受，表达自己的想法，我们就要做出积极地回应，给予孩子安慰和鼓励，分享他们的喜悦和忧伤，倾听他们的困惑和烦恼。当孩子的情感续期得到满足后，他们才更愿意对我们敞开心扉，与我们积极沟通、交流，这是一个良性的循环。

第 7 章
每个孩子都是一个充满无限可能的世界

　　让孩子按照人为的法则成长，不是爱，而是最大的破坏。任何人都不应该干预任何一个生命本身的成长，真正的好父母会给孩子探索未知的空间，独立成长的机会，让他们学会自信、勇气、责任……最终，遇见最好的那个自己。

爸妈你们不懂我——破坏大王的自白书

孩子的"破坏力"真的让很多父母头疼，他们好像以破坏东西为乐：不是拆掉新买的小汽车，打碎喝水的杯子，就是在墙壁上乱画，甚至还会在爸爸妈妈的重要证件上画画……

遇到类似的情况，很多父母会恼火地训斥孩子，让他为自己的错误买单——罚站，或是打手心，好让孩子不再随意破坏玩具或有价值的东西。有些父母甚至会对孩子大发脾气，一方面发泄内心的怒气，一方面起到威慑孩子的作用。

可是我要说，面对孩子的破坏行为，父母的这些做法都是不恰当的。要知道，孩子的这些破坏行为都是无意的，是好奇心和探索欲的体现。喜欢搞破坏的孩子年纪大约在三四岁到八九岁之间，这是孩子自我意识迅速发展的时期，有强烈的好奇心，开始按照自己的思维和想法去认知和探索这个世界。

他们的内心有很多想法：这个东西很漂亮，我想知道它里面是什么样的；这个汽车很新奇，我想知道它是怎么发声的；哇！这画笔能画出五彩的颜色，

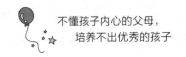

我要画出美丽的画作！在"搞破坏"的时候，他们的好奇心得到了满足，也认识和了解了世界，进而实现了自我的成长。

可父母的惩罚和责骂让他们迷惑和不解：父母为什么要惩罚我，我做错了什么？我想要弄明白这是怎么回事，父母为什么要发火？他们为什么不理解我！难道我真的做错了吗？之后，迫于父母的管制和威胁，孩子开始变得"听话"，不敢再搞破坏。当然孩子的好奇心和探索欲也被遏制，时间长了，孩子就会变得呆板、缺乏创造力，不敢尝试，也不善于思考。

事实上，生活中很多孩子的好奇心、探索欲和创造力都是被父母强行剥夺的。

李林是一个8岁的男孩，在父母眼中，他是一个喜欢调皮捣乱的孩子，不知道弄坏了多少玩具，也不知道拆掉家里多少东西。凡是他好奇的东西，他都敢拿过来拆卸。

这让李林的爸爸非常恼火，因为李林爸爸是一个做事严谨、规矩的人，实在不能忍受孩子把好东西弄坏。于是，每次李林拆东西，爸爸就会教训他，甚至会动手。可李林始终改不了这个毛病。

一天，李林看到爸爸拿回来一个新的天文望远镜，能清晰地看到天空中的星座。李林感到非常好奇，便趁爸爸不注意的时候把望远镜拆了。原本他打算研究完之后再给安装好，可是这望远镜太精密了，一个小孩子怎么可能安装好呢？

第二天，爸爸发现了这件事，立即暴跳如雷。看着散落一地的零件，爸爸把李林拎起来痛骂一顿："之前我就告诉你不要拆东西，你总是屡教不改，现在你竟然如此胆大，拆了这么贵重的东西，看我不好好教训你！"

李林也被吓坏了，连忙道歉："爸爸，我不是故意的，我只是好奇……"

话还没说完，爸爸就打断他："好奇？好奇就可以弄坏东西吗！你实在太过分了！"说完，爸爸把李林关进屋子，让他在屋里反省。

这件事情之后，李林确实收敛了，再也不敢拆任何东西了。可是由于爸爸的打骂、惩罚，也扼杀了李林的天性，使他慢慢地丧失了好奇心和探索欲。开始他对很多东西依旧充满好奇心，可是担心爸爸的责骂，便不再去探索；开始他有丰富的想象力，可是担心自己闯祸，便不再胡思论想。

结果是不是令人惋惜？没错，确实如此。李林的爸爸并不是一个明智的父母，因为心疼天文望远镜就扼杀了孩子的好奇心和想象力，剥夺了孩子思考和探索这个世界的机会。不管对孩子还是父母来说，这都是一个悲剧。

当然，我并不是说父母应该纵容孩子肆意"搞破坏"，即便孩子犯再大的错都不能加以管教和惩罚。当孩子的破坏行为是蓄意的、过分的时候，甚至给他人带来困扰时，父母应该给予约束和引导，让孩子意识到自己的错误和事情的严重性。上面的例子，李林的爸爸可以教导孩子，让他避免破坏贵重物品，但却不能一味地禁止孩子探索。给予孩子正确的引导，才能把孩子的破坏力转化为创造力，从而把孩子培养成一个富于想象力、创造力的人。

现在大多父母习惯"圈养"孩子，要求他们循规蹈矩、听话乖巧，要求他们不调皮捣蛋、不随意闯祸。这导致孩子每天只是学习、学习，了解这个世界的渠道也仅限于书本、电视、网络。孩子的成绩或许很好，可是思维、目光受到限制，缺乏想象力和创造力，缺乏动手能力和探索能力。

事实上，有"破坏自由"和没有"破坏自由"的孩子，区别真的很大。前者保持着强烈的好奇心，对任何事情都有浓厚的兴趣，不仅思维活跃、想象力丰富，而且动手能力特别强。而后者所了解的世界是扁平化的、刻板的，思维也是刻板的、僵化的，缺少好奇心和想象力，甚至可能成为书呆子。长大之

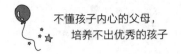
后，这些孩子的思维和见识也有所不同，人生境遇自然也就不同。

　　所以，作为父母应该冷静客观地对待孩子的破坏行为，懂得孩子的内心想法，保护孩子的好奇心和探索欲，而不是简单地制止或是打骂。

哪里有兴趣，哪里就有天才的出现

记得有一句话是这样说的："天才的秘密就在于强烈的兴趣和爱好，以及由此产生的无限热情。"换一种说法，哪里有兴趣，哪里就有天才。可有些父母在教育孩子时似乎没考虑过这句话，或是说故意忽略这句话。

然而，这些父母也知道兴趣是孩子学习某个技能、某个学科的力量源泉，知道兴趣是孩子是否有所成就的关键，可他们就是会陷入一个误区，甚至钻入一个牛角尖。专家说学钢琴、练舞蹈可以提升孩子的气质，能为孩子打开更好的出路，于是父母便不询问孩子的意见，强迫他学钢琴、练舞蹈，也不管孩子喜欢不喜欢；父母按照自己的经验，觉得学理科更有前途，将来能找到好工作、赚大钱，于是便设法让孩子放弃喜欢的学科，报各种数理化培训班；父母发现孩子在某方面有些天赋，就过度地挖掘孩子的天赋，逼迫他不断地努力、再努力，企图把孩子培养成天才……

总之，我发现这些父母都是典型的"功利主义者"，无论让孩子学什么不学什么，选择什么不选择什么，都只是为了在最短时间内获得"好处"。虽然

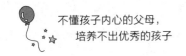
这"好处"确实是为了孩子。当然，也是有例外的，一些父母只是为了自己的面子，或是为了将来有所回报。这虽只是少数，却也是存在的。无论如何，这些父母总是喜欢依据自己的意愿来为孩子做选择，而不是让孩子依据自己的兴趣来自主选择。

对孩子来说，由于父母的妄加干涉，这兴趣好像并不是自己的，而是父母们的。孩子真正的兴趣和爱好并没有得到父母的接纳和尊重，反而还要每天去上所谓的"兴趣班"。结果，这"兴趣"就成了孩子的负担，成了最令孩子痛苦的事情。到那个时候，兴趣已经不是兴趣，那么父母们还奢望孩子有所成就，成为人人羡慕的天才吗？

当然不会！当一件事情成为苦役，那么就别想让做它的人有所成绩。同样，当孩子对某个技能不感兴趣，对某个学科不喜欢时，心中就只有一个念头：我为什么要做它！我讨厌它！我要逃离它！之后，父母的强迫、干涉还会让孩子产生叛逆心理，把对这件事情的讨厌转移到父母身上，使亲子关系越来越僵化。

几年前，我们社区发生了一件事情，一度传得沸沸扬扬：

有一位母亲，是一个普通的工人，一直想把女儿培养成才，摆脱自己那样糟糕的人生。偶然的机会，一位朋友说她女儿嗓音好、有唱歌的天赋，如果好好培养的话，说不定可以成为歌唱家。母亲听后动心了，虽然家里条件一般，但她依然决定要把女儿培养成歌唱家。

说到做到，这位母亲第二天就给女儿报了培训班，请专业老师教女儿唱歌。可女儿并不喜欢唱歌，看到其他小朋友都快乐地跳舞，她也想参加舞蹈班。母亲拒绝了女儿的要求，要她学习唱歌，除了上培训班，每天早上、晚上还要练习半个小时，而且一旦发现孩子偷懒或是练得不好，就打手心以示惩罚。可这些都不能让女儿好好练习、有所进步，因为她根本不喜欢啊！

孩子的父亲、家里的亲人都劝这位母亲，"既然孩子不喜欢唱歌，你就别逼她了""她喜欢跳舞，你不如让她跳舞"。可这位母亲每次都理直气壮地说，"不行，孩子懂什么？喜欢有什么用，她又没有这个天赋，岂不是浪费时间""人家说她有唱歌天赋，咱们就应该好好培养，之后肯定能成为歌唱家""孩子还小，不知道怎么选择，我们大人应该为她把关"。

可没有兴趣的学习，结果怎么可能好！这位母亲越是强迫，女儿越是不愿意学，最后竟以伤害自己为手段来反抗母亲。一天，老师向这位母亲反映孩子学习不认真，练声的时候走神。母亲非常生气，责骂了女儿一通，然后让她在房间里练习。孩子出于气愤，竟然把玻璃杯打碎，想要伤害自己。幸好母亲眼疾手快地阻止了，否则后果不堪设想。

看到了吧！强迫是没有任何意义的，父母必须学会尊重孩子，尊重孩子的兴趣。即便再望子成龙、望女成凤，也不能强迫他学习不感兴趣的东西。父母应该尊重孩子，把他当成一个独立的个体，让他自主选择兴趣爱好，选择自己喜欢的事情；不要不考虑他的承受能力，不要强行灌输知识和技能；不要按照自己的想法来塑造他的人生，擅自做出种种选择和安排。

同时，父母们需要明白，孩子喜欢什么，对哪种运动或技能感兴趣，这是他自己的权利。即便你是他的父母，也没有权力干涉和阻止。你需要做的是学会接纳和尊重，并且对孩子的兴趣进行正确的保护和培养。只有让他选择自己喜欢的，他才会更愿意付出努力和热情，然后把喜欢的变成擅长的，进而取得真正的成就。

不妨想一想，哪一个天才不是在自己感兴趣的那一方面有突出的成就？贝多芬喜欢音乐，对音乐执着入迷，这才成了伟大的音乐家！毕加索热爱绘画，

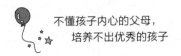
把绘画看得比什么都重，这才创造了美术界的奇迹！案例中的小女孩不喜欢唱歌，对它没有一点兴趣，怎么可能在这方面有所成就呢？这位母亲所有的强迫、蛮干，都只是孩子成长、成才路上的反作用力而已。

所以，你的孩子可能是天才，你需要耐心地培养。但是在这之前，不妨好好地观察一番，看他究竟喜欢什么。看到孩子喜欢音乐，给他一把吉他；看到孩子喜欢跳舞，给他一双舞鞋……即便他没有成为天才，但是也扩展了自己的能力，做自己喜欢的事情，必定能成为最好的自己！

为什么说爱幻想的孩子很正常

同事周萍有个9岁的女儿，平时学习还算用功，但闲暇时总是喜欢幻想，而且脑子里都是一些稀奇古怪的想法。比如，她幻想自己坐在风筝上周游世界，幻想自己住在月亮上和小鸟唱歌，幻想自己是城堡里的公主……她在幻想世界玩得不亦乐乎，每次妈妈都要叫上好几遍，她才回过神来。

对此周萍感到担心不已："孩子满脑子都是些不切实际的幻想，看来是作业太少，玩的时间太多了。我打算多给她报两个兴趣班，省得如此悠闲。"

"大可不必。"我反驳道。

"你说我家孩子正常吗？"周萍心事满满地追问。

差不多每个孩子都有些稀奇古怪的想法，"我要打个地洞到北极去看北极熊""我要做一对漂亮的翅膀去飞翔"……尽管孩子们的幻想多种多样，但大多都会受到父母的无情打击，认为是胡思乱想，有些父母甚至以嘲讽的态度来应对，其实在我看来这并不明智。

因为幻想不等于胡思乱想，它是孩子常见的一种心理活动，是孩子通过象

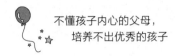
征法结合起来的创造想象，也是孩子面对世界的一种独特方式，这包含了孩子对未来世界的向往之情，以及对当下境况的一种虚幻的本能反应。

比如，孩子独立处事的能力都相对薄弱，在集体活动中遇到了困难、受到了委屈，他们会用逃避现实的方法来化解，会躲进属于自己的内心世界。比如，与人发生摩擦，就幻想自己变成了巨人，谁都不敢轻易欺凌；得不到想要的东西，就幻想自己是神通广大的孙悟空，想要什么就变出什么……

在这个理想的、美好的"自我世界"中，孩子把现实生活中的压力拒之千里，获得了精神上轻松、愉快的满足。如果父母无视孩子的内心活动，轻易戳破和打击，就容易让孩子的想象力折翼，失去童年本该有的快乐时光，并且对现在的生活产生悲观思想。

前面我们曾提到过，每个孩子都是一个独立的个体。他们需要拥有一个相对完整的、属于自己的世界，这个隐秘的世界是他的自由王国，不希望有外人侵犯。

幻想就是孩子思想自由驰骋的过程，我们应该做的，是给孩子留一点自由的空间，让他在自己的"世界"尽情舒展。古今中外的事例也证实，拥有想象力的孩子，大都有强烈的责任感和好奇心，有学习研究的热情，也会表现出勤奋、乐观的学习态度，还有顽强的意志力、较强的独立性和智力。

不过，这需要父母的积极引导。比如，让孩子把想象的东西用画画的形式表现出来，利用想象类作文表达自己的情感，也可以选择一些能激发孩子想象的文学作品，阅读故事后采用复述故事、续编故事、排图讲述等形式让孩子讲讲故事，这些都可以把孩子的想象力发展为一种才能，收到良好的教育效果。

在我家的客厅，有一面墙是涂鸦墙，儿子想画就能画，我们从来不对他的涂鸦内容做任何限制，也不以大人的眼光进行评判，而是从孩子成长的角度给予真诚的倾听和肯定。

在画画的过程中，孩子展现出的想象力经常让我们目瞪口呆。比如，看到孩子画苹果，画了一个超长的苹果把儿，我们可能会觉得有些长，但孩子却说："噢，气球飞上天喽！"在我们看来奇形怪状的线条，在孩子的眼里可能会变成正在吃饭的笨笨狗、被打掉耳朵的"一只耳"……这些多彩画面是在孩子的想象中构成的，这些有趣的故事也是在孩子想象的舞台中上演的。

通过自由自在的涂鸦，儿子用自己的感觉来感受，用自己的头脑来思考，这让他养成了想象的习惯。就拿阅读图画书来说，他会在心里把书中的画转化为生动的故事场景，进而体验故事中人物的心理，获得丰富的感悟。有了这种体验，这些年儿子的表达能力和写作能力都很不错。

正如爱因斯坦所说："想象力比知识更重要，因为知识是有限的，而想象力概括着世界的一切，推动着进步，并且是知识进化的源泉。"

父母应该注意培养孩子的想象力，帮助孩子一起展开想象，让孩子的想象力插上翅膀。

当然，如果孩子经常一个人坐着发呆，不想和别人一起玩耍，有可能他在经历了一件不愉快的事情，或者在某些方面遇到了问题而让他感到不安。这时，父母要及时和孩子谈谈心，试着问问他："宝贝，你怎么不说话呢？是不是有什么事情？说给妈妈听听吧，妈妈帮你一起想想办法，好吗？"

与孩子多进行心灵的对话，让孩子感觉到你对他的关心和关爱，孩子才不会用幻想世界代替现实世界，才能始终保持积极乐观的情绪，激发正向的想象。

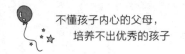
过度保护是爱，还是伤害？

　　父母爱孩子，本能地想保护孩子，想尽办法帮孩子规避生活中的伤害，倾尽所有为孩子规划好未来。这本表现了父母爱孩子的心，可实际上，想法和行为总是出现偏差，自然结果也就偏离了最初的轨道。

　　想要保护孩子，父母希望孩子按照自己的想法去做，最后这保护却变成了干涉；想要保护孩子，父母始终把孩子护在羽翼之下，到头来这保护变成了禁锢；想要保护孩子，父母就为孩子承担一切问题和磨难，最终这保护反而让孩子遍体鳞伤。

　　每个人，都是社会的组成部分，都需要有自己的人生，需要走自己的路。所以，从孩子出生起，父母就需要让他们学会自己走路、交际、学习、犯错、进步，如此孩子才能不断地进行自我完善，实现真正的成长。虽然每一步都离不开父母的帮助和支持，但这并不意味着父母要一味地保护、庇佑孩子，甚至紧紧地拴住孩子，避免他接触外界的"挫折"和"危险"。

　　表面上，这是保护孩子，但事实上，这是一种无形的禁锢和掌控，让孩子永远不能独立、自由、自主。随着年龄的增长，孩子很可能走向两个极端：一是失去自己的思想和独立意识，变得弱不禁风、心灵脆弱，不能也不敢走向社会，最终只能在父母的"怀抱"中度过一生；另一个可能就是强烈的叛逆，拒绝和父母沟通甚至接触，凡事都与父母作对。孩子这颗叛逆的心就像是一颗定时炸弹，稍微遇到一些事情，就可能炸伤自己和父母。

希希今年上初一，刚进入青春期，父母最担心的就是他在青春期叛逆、学坏、犯错。这确实可以理解，因为青春期的孩子变得更有主见了，喜欢和父母作对，容易受不良因素的影响，做事容易冲动。可希希父母却做得有些过了，为了保护孩子，他们无时无刻不盯着他，几乎让孩子失去了自由。

希希妈妈跟希希约法三章：每天放学后必须马上回家，不能到处乱跑；交什么朋友必须向父母报备，得到父母的允许后才能与其交往；周末不能随便外出，不能随意上网。

为了能够让希希遵守规则，希希妈妈还特意给希希买了新手机，以便随时了解希希的动向。希希是懂事的孩子，知道父母是为自己好，所以始终按照约法三章来做事。可有一件事，却让希希彻底改变了。

一天，希希的同学过生日，便邀请了几个要好的朋友一起聚会。希希妈妈听说后，立即反对，觉得几个十几岁的孩子聚在一起很容易惹事，可耐不住希希的央求便答应了。不过，希希妈妈规定希希必须晚上9点半前回家，不能玩得太久。希希满心欢喜地答应了。

可等几个同学来找希希时，妈妈看到其中两个孩子平时学习不好、爱惹事，就立即不同意希希去生日会了，担心希希和这些"坏孩子"交往会学坏。结果可能而知，希希没能参加同学生日会，还在同学面前丢了脸。希希愤怒地质问妈妈为什么反悔。希希妈妈严肃地说："不是和你说了吗，不要和那些

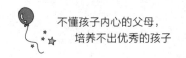
'坏孩子'来往！你怎么就是不听！"尽管希希多次解释，可妈妈依旧不理解，最后他的脸上充满了失望和难过。

在此之后，希希发生了很大改变，不再听话懂事，喜欢和父母对着干；性格越来越孤僻，不和任何人交往；不参加任何活动，更不愿意学习。看着孩子的改变，希希妈妈后悔莫及，不禁想：我都是为了保护孩子，可为什么孩子会变成这样？

其实，希希的改变并不意外，我们不妨想一想：你十几岁的时候，父母以保护的名义束缚你的自由，你会不会愤怒？以保护的名义对你严格管控，你会不会与父母"斗争"？你在父母面前没有自由，不能做自己喜欢的事情，会不会觉得父母太霸道？

从表面上看，希希妈妈是在保护孩子，可实际上，却是对孩子最大的伤害。所以，做任何事情之前，先别着急，问问自己和孩子，这些所谓的"保护"，真的是孩子想要的吗？这些未来的规划，真的是孩子喜欢的吗？尝试着放手，让孩子走自己的路。即便开始他可能不适应，即便前方有困难，即便孩子可能会犯错，都不妨让孩子勇敢地去尝试，做他们想做、喜欢做的事情，做他们应该去做的事情。

父母总是不肯放手，以保护孩子的名义限制、干涉孩子，很大程度上是因为父母始终从自己的角度出发，没有考虑到孩子。先抛开孩子的叛逆，父母这样的行为还是可能会给孩子的成长带来很大的隐患。过度保护，会让孩子失去自主思考、自主解决问题的机会，从而失去独立的能力、应有的责任心；过度的保护，会让孩子脆弱不堪，缺乏勇气和坚强，甚至内心如玻璃一样脆弱，一旦遇到挫折和失败就可能堕入深渊；过度的保护，还可能让孩子压抑天性，无法成就最好的自己……

　　爱孩子，那就学会放手吧！让孩子走自己的路、过自己的人生，他才能真正成长，并赢得属于自己的精彩！

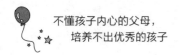
给孩子鱼，不如教给他捕鱼的本领

　　很多父母在教养孩子时，认为为孩子做得越多就是越爱孩子，所以常常包办孩子的一切，衣、食、住、行，样样照顾得妥妥当当。但这种教养方式只会让孩子失去独立尝试的机会，各方面的能力得不到锻炼，从而生存力都会被扼杀。在孩子习惯被照顾后，我们又抱怨孩子依赖性太强，缺乏独立性。

　　在我所居住的小区里，王姨是社区委员会成员，她热情开朗，又非常热心，见到谁都是乐呵呵的。但一提起自己的儿子，她就开始唉声叹气。王姨的儿子今年27岁，个子很高，长得也不错，但大学毕业已经三年了，依然在依靠父母生活。就业形势严峻的现实让他难以应对，反而是王姨在不停地帮他奔跑于招聘场合，他自己除了在家等待工作消息就是上网、吃喝玩乐。

　　这天在小区广场上，王姨一脸愁容地向我诉说着这一切："快30岁的人，他都不会自己洗衣服，没有办法自己做饭……叫他做一些简单的家务，可是唠叨几遍他都不动弹，无动于衷。说得多了，他就直接甩出一句，'我不会'。我们年龄越来越大了，以后有个三长两短，他可怎么办？"

"其实这也不怪他，都怨我。我教育出错了，什么事情都替他包办，他依赖惯了。"王姨惆怅地说道，"其实小的时候，吃完饭后他见我收拾餐桌，也想过要帮忙，可手刚放到盘子边，我就会制止他，因为担心打碎了餐具，害怕划伤他。想着等他长大了再帮忙……"

王姨意识到是自己对儿子毫无理智的"爱"造成了儿子这种依赖的心理，至今仍不能独立。于是，我建议她，给儿子一些时间让他自己去找工作。到了时间，便不再给他钱，让他自己去努力挣钱养活自己。

听完我的建议，王姨虽然表示认可，但还是一直不停地问我，"万一他找不到工作，就真的不管他了吗""他没钱吃饭怎么办"……

真是可怜天下父母心，儿子早已经成人了，父母还有操不完的心。

当孩子尝试自己倒水时，你是否因为预想到大半杯水倒在地上弄得一地水的情形，便大声说："宝宝别动，妈妈来帮你。"

当孩子尝试自己做饭时，你是否担心他把粥煮焦了或者被烫伤了，而及时地制止："还是妈妈来做吧，你以后长大了再学。"

当孩子尝试自己吃饭时，你又是否怕他吃得太慢，饭菜凉了，就坚决不让他自己动手，而是一口一口地喂给他吃？

……

每一个父母都是爱孩子的，也会带着满满的爱为孩子做事情。可我们能帮助孩子代办一切事情吗？又能照顾孩子一生吗？孩子没有自己做事的经验，没有解决问题的能力，什么事情都做不好，什么事情也做不了，这是你教养的初衷吗？相信天底下没有一个父母愿意自己的孩子一无是处。

何况，在成长过程中，孩子都渴望能像父母那样，自己处理自己的事务，自己管理自己的行为。如果父母因为担心孩子不会做、做不好而事事代办，孩

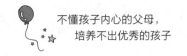
子会在内心产生"我是笨蛋""我无能""我愚蠢"的观念，以至于严重缺乏自信心。长此以往，也会引起逆反心理，非常不利于孩子的成长。

如果虎崽永远在虎妈妈的呵护下长大，必将无法自主捕食，更不可能成为百兽之王；如果小鹰永远在老鹰的呵护下长大，也将无法翱翔于天空……同样的道理，孩子永远生活在父母的怀抱里，就无法具备独立生活的能力。既然如此，勇敢地让孩子学会自己做事，是宜早不宜迟的事情。

同事的女儿思思刚入幼儿园，虽然思思只有3岁半，但在幼儿园适应得非常快，自己吃饭，自己上厕所，不用老师哄也能乖乖躺下睡觉，大小事情自己全都能应付得来，这让带班的老师很是欣慰。

这一切都源于同事得当的教育方法，比如，思思1岁半的时候，看到妈妈剥煮熟的鸡蛋，她对此十分好奇，妈妈就示范给她看，随后，妈妈拿了一个煮好的鸡蛋递到思思手里，让她自己剥。思思兴趣十足地剥完了鸡蛋，虽然用时比较长，但是妈妈从不代办，也不催促，后来思思剥鸡蛋剥得特别好。

在其他事情上，同事也会尽量让思思自己去做，比如自己刷牙、穿衣服、系鞋带等等，而她只负责告诉她一些操作方法，渐渐地，思思的动手能力得到了大大提升。

还有一个同事对我说，他经常会给儿子零钱，让儿子自己到楼下面食店买馒头，他自己站在阳台上看着。孩子从走出家门到回家，包括买东西，这个过程肯定能遇到几个问题，比如面食店应该找回多少零钱，他需要自己来解决。而我的同事既保护了儿子，又没有强加干涉，不失为一条教育妙计。

这样的训练难吗？一点也不。

每个人都有自己的路要走，孩子也一样，即使父母为孩子做得再多，也不能替代他一辈子。从长远看，如果我们真的爱孩子，就应该为孩子的未来考虑，比如教孩子自己的事情自己做，让他自己吃饭，自己买画笔，自己处理和朋友产生的矛盾，自己往同学家里打电话问作业……这是父母对孩子最大的负责。

不要用怀疑的眼光看孩子，"你可以做到""我相信你，加油"。来自父母的信任更能激起孩子的责任心，增强孩子的自尊心和自信心。如果孩子失败了，父母也不要责备，而应帮助孩子分析原因，并给予指导，如此，才能让孩子切实的放开手脚做事，逐渐脱离父母成为一个真正的个体。

例如，如果孩子想要洗碗，那么不要担心他洗不干净，或者弄湿衣袖，只需在一旁观察，教他怎么洗，并给予鼓励，让他自己练习就可以了。

古语说："授人以鱼，不如授人以渔。"授人以鱼，只供一饭；授人以渔，则终身受用。这一道理同样应用于家庭教育中。自己的事自己做，孩子独自面对的事情越多，个人的能力就会越来越强，对父母的依赖越来越少，你就会越来越轻松，他也会越来越强大，这才是真正的双赢。

孩子的成长是很惊人的，只要你相信孩子，给他们机会，他们一定会给你惊喜。

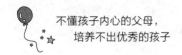
选择权，是给孩子最好的礼物

　　人的一生，每天都面临着无数的选择，大到找工作、找对象，小到穿衣、吃饭，我们无时无刻不在做选择。选择是我们生活中重要的组成部分，也是上天赋予人类的一种权力。也正是因为有了选择，人生才充满喜怒哀乐与酸甜苦辣；也正是因为有了选择，我们才能做与众不同、独一无二的自己。

　　孩子也一样，从呱呱坠地的那天起，饿了、尿了、身体不舒服，他们就会哭，哭就是他们表达自己情感的一种方式。再大一点，他们对周围的一切充满好奇，也会在父母面前表达自己对事物的看法。当孩子的"自我意识"逐渐上升为"自我主权"，他们希望拥有更多的自主权，希望自己的事情自己做主。

　　可是看看现实中的一些父母，他们对孩子呵护备至，总是忍不住帮孩子做决定。如果有人提出异议，他们还会反驳："孩子小，什么都不懂，还是我决定吧。"

　　对此，我想说，这是一种无知的表现。无视孩子的想法，一味地替孩子做决定，剥夺孩子的自主权。那么孩子不仅会指责父母过度干涉自己的自由，而且自主意识也会受到抑制，自信心受到打击，进而逐渐丧失判断和选择的能力，长大后缺乏责任感和承受力。真需要自己做主的时候，绝非易事。

在焕焕眼里，妈妈是一个强势的人，甚至有些说一不二，家里的大事小情都在她的掌控之中，就连自己穿的衣服都不能幸免。

一个周末，焕焕跟着妈妈一起去逛街买衣服。一家童装店琳琅满目的漂亮衣服吸引了焕焕和妈妈。妈妈看中一件大红色的连衣裙说："焕焕，你穿这条连衣裙一定很好看，快去试试。"但是，焕焕却推开妈妈的手，因为她看中了一条背带裤，焕焕觉得穿背带裤很酷，红色的连衣裙很土。

但是妈妈不同意，对她说："要这条连衣裙吧，连衣裙穿着更好看！"

"不，我就要那条背带裤。"焕焕坚持自己的原则。

妈妈极力劝焕焕改变主意，焕焕也不依不饶，就是不换。

当双方僵持不下时，妈妈强行给焕焕换上了那条连衣裙，并语气强硬地说："我是大人，比你更明白穿什么衣服才漂亮，听妈妈的话肯定没错。"于是焕焕屈服了。

这样的场景常常在焕焕和妈妈之间发生，妈妈总是忽略焕焕的感受，也不允许她跟自己说"不"，久而久之，焕焕变得没有主见，胆小懦弱，事事都要问妈妈，无条件的服从和依赖妈妈。在学校课堂上，她也很少发表自己的意见，如果有人问及，她会显得很犹豫，"我想……可能……"

看到这里，不知道作为父母的你是否觉得这对母女的相处场景似曾相识呢？

不错，在日常生活中，不少父母也如同焕焕的妈妈一样，盲目地做孩子的主，不给孩子说"不"的权利，但是我们不要忘记，孩子的人生也需要自己的参与。在适当的时候，给予孩子足够的自主权，让孩子拥有选择的权利才是正理。而且，自主选择是需要从小开始培养的，越早越好。

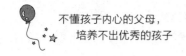
　　在儿子很小的时候，我就开始有意识地培养他做选择的能力。尽管有时孩子的选择与自己预料的并不一样，有时在我看来甚至是错误的，但只要这个决定对孩子并无大碍，我从不以自己的意志来影响儿子。

　　几年前，我们刚买新房子的时候，儿子非常兴奋，因为他将有一间属于自己的卧室，为此他几乎每天都问我什么时候开始装修。而且，他开始在网上查询装修的图片，也想好了自己卧室的装修风格："妈妈，我想贴上带有海盗船的壁纸，蓝色的，然后在天花板上装饰一些星星，还有月亮。"

　　爱人并没有把儿子的话放在心上，觉得小孩子能懂什么，房间装成什么样是大人说了算，于是否定道："你说的这种装修风格与咱家整体的装修风格不符，要不你还是让妈妈帮你设计吧，保证你一定喜欢。"

　　听后儿子非常失落，反驳道："你喜欢的又不是我喜欢的，就算你装修得再好看也没有用，我想按自己的想法装修。既然是属于我自己的房间，不应该由我自己做主吗？"

　　爱人被孩子反驳得哑口无言，我微笑着说："孩子说得很有道理，他想拥有一间完全属于自己的房间，包括装修风格。就算这个房间咱装修得再好，也不是他想要的。"

　　于是，接下来我让孩子自己选择喜欢的壁纸，把他的卧室按照他的想法进行了装修。虽然儿子的房间与整个房子的装修风格完全不搭，但孩子十分喜欢，每天都会用心地打扫，而且将所有东西都摆放得整整齐齐。

　　当儿子小学毕业准备升入中学时，我提前筛选出几所不错的学校，然后大胆地将决定权给了儿子，让他自己从中选择喜欢的学校。经过一段时间的考察和比较，儿子选择了一所自由度较高，但对综合能力发展很有帮助的学校。在我认为，他的选择不是最好的，但我还是尊重了他的意愿。

　　3年后，儿子以优异的成绩考入了全市最好的高中，而且各方面能力发展的都很好，这让我惊喜的同时，也为当时做出的选择感到庆幸。

　　世间所有的爱都是为了相聚，但唯有父母对孩子的爱是为了分离。孩子长大成人，以后的漫漫人生路还得由他们自己坚持走下去。每位父母都应该及早明白这个道理，我们不得以任何理由剥夺孩子的选择权，应尽早将选择权交还到孩子的手中，让孩子自己决定自己想走的路，想过的人生。

　　当然，给孩子自己做决定的权利，并不意味着父母可以撒手不管，在孩子进行重大抉择的时候，我们要帮他收集资料，了解和熟悉备选的方案，这将有助于孩子进行科学的选择，如果你的孩子还不具备很强的选择能力，那么你也可以和他一起分析、讨论，帮他把好关，让他少走弯路。

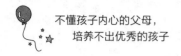
做好自己，就是对孩子最好的教育

有人曾问："教育孩子有什么秘诀吗？"

我的答案是："没有。"

身为父母，我们都有"望子成龙，望女成凤"的心情。但是不少父母经常会觉得现在的孩子"越来越不听话""越来越难管"等，进而希望找到一条省时省力省心的教养途径。

然而，教育孩子真的没有什么秘诀可言。如果真的有什么秘诀的话，我始终相信一点，我们对孩子的养育过程，其实就是自我教育的过程。家庭是孩子的第一个摇篮，父母是孩子的第一位老师。我们的言行举止在不经意间就能影响到孩子的思考、成长，甚至是一生，这就是所谓的"言传身教"。

现实生活中，不少父母只想着"言传"教育孩子，却往往不注意"身教"的作用。

朋友刘楠的儿子彭彭今年上六年级，因为成绩特别差被老师"特殊关照"。班主任给刘楠打电话："孩子的这种情况必须要重视了，照这么下去，初中根本跟不上。"这下刘楠着急了，周末给彭彭报满了补习班，哪家贵报哪家，然而并没有什么效果。孩子对学习根本不上心，倒是对玩游戏很上心。

这天，看到彭彭又在拿着手机玩游戏，刘楠再也忍不住了，从彭彭手里抢过手机，一下就摔碎了。这下可不得了了，彭彭闹着要离家出走。

"玩玩玩，一天就知道玩手机。"刘楠嚷道。

"你一回到家，不也一直玩手机吗？"彭彭反击道，"你除了玩手机，什么也不会做。"

彭彭的话让刘楠愣住了，她没想到自己在孩子的心里是这个样子；她更没想到，自己玩手机的习惯居然对孩子影响这么大。

我也认真观察过刘楠，和儿子在一起的时候，她大部分时间都是自顾自地玩手机，于是我建议道："你整天玩手机不管孩子，还指望彭彭考第一，哪有这么好的事儿。你平时是什么样，就会投射到孩子身上。你是个低头族，孩子也会成为手机控；假如你是个爱阅读的妈妈，孩子自然不会差到哪里去。"

之后，刘楠开始放下手机，带着儿子一起看书，一起写作业，一起背古诗。为了让儿子养成写日记的习惯，她每天坚持给儿子写一封信。一开始，刘楠还有些不习惯，她努力控制自己，时间长了，习惯成自然，看书、读报、写日记不仅仅是做给儿子看了，自己也习惯了。

不知不觉地，彭彭也已经变成了一个热爱学习的孩子。

孩子刚来到这个世界时就像一张白纸，纯洁无瑕，没有受到半点污染。在成长过程中，他们一直在默默地关注着自己的父母，父母说什么，做什么，孩子就会跟着说什么，做什么。因为单纯的孩子对这个复杂的世界是一无所知的，在他们的潜意识里，父母的行为都是正确的，因此就会模仿。

父母的一言一行，都是孩子模仿的对象，父母开朗，孩子也会乐观；父母

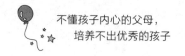
讲礼貌，孩子也会尊老爱幼；父母勤劳勇敢，孩子也会充满勇气；父母相亲相爱，孩子心里也会充满爱。从一个孩子的行为举止，我们大致就能了解他的父母是什么样的人。这听上去很不可思议，却是不可否认的事实。

正如教育界的一句话所说："孩子的心是一块奇怪的土地，播上思想的种子，就会获得行为的收获；播上行为的种子，就会获得习惯的收获；播上习惯的种子，就会获得品德的收获；播上品德的种子，就能得到命运的收获。"

有一次，我和儿子在公园散步，儿子看到一个废弃的矿泉水瓶，随手捡起扔进垃圾桶。

我欣慰地问："为什么要这么做？"

儿子说："因为您经常把路上的垃圾捡起来扔进垃圾桶，而且您还告诉我，爱护环境要从小事做起。"

只要儿子在身边，我就会格外注意自己的言行举止，说话有礼貌，不随便发脾气；用过的东西放回原位，保持家里基本的整洁；养成说话算话、信守诺言的好习惯；回家多看看书，安排儿子睡觉后，自己也按时休息，等等。在我的影响下，儿子成为别人口中有礼貌、爱干净、讲诚信的好孩子。

孩子的目光始终注视着你，作为父母，当我们发现孩子行为出现偏差时，不要劈头盖脸地批评孩子，而要反省自己是不是哪里没有做到位。无论什么时候，我们都要时刻注意自己的言行举止，从各个方面严格要求自己，做到正直、诚信、礼貌、宽容，在孩子面前树立一个好榜样。

著名教育家朱庆澜先生曾经说过这样一句话："无论是什么教育，教育人要将自身做个样子给孩子看，不能只凭一张口，随便说个道理，孩子就会相信。"

　　教育孩子是一条漫长的道路，但是为人父母和师长一样，做好榜样却是一条捷径，而且孩子会朝着自己预想的那个好的方向发展。希望每一位父母都能努力让自己变得优秀，让自己值得孩子模仿，哪怕只是一个小小的细节。

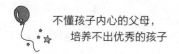
每个孩子都是一粒独特的种子

　　一直以来，我们普遍认为每个孩子出生的时候就像一张白纸，都是完全相同的，在长大以后才会有各种不同的性格，是后天环境和父母养育方式所塑造出来的。但相关研究表明，孩子在出生时已具有天生的特点，这些特点组成了不同的个性，并将影响到孩子成长过程中的方方面面。

　　比如，有的孩子活泼好动，喜欢与人交往，喜欢热闹的地方；有的孩子内向害羞，喜欢独自玩耍、不爱表现自己；有的孩子好奇心强，喜欢冒险和挑战，有的孩子处事谨慎，性子较慢，思考力极强……

　　每一个孩子都有不同的特点，不同的个性，这正是生命的可贵之处。可惜，不少父母尚未认识到这一点，总是忽视孩子之间的差异，以既定的标准要求孩子，以死板的方式教育孩子，或者让一个孩子向另一个孩子学习，结果导致孩子自身的创造性和优越感被扼杀，变相扼杀了孩子的自身潜力。

　　正上小学六年级的萌萌，性格大大咧咧，虽然她是一个女孩，但喜欢留短发，还喜欢在操场上踢足球，猛一看就跟男孩子一样，经常被同学们认错。天性乐观的萌萌并不认为像男孩子是一件不好的事情，相反，她认为这样也不错，让她既可以和女生玩，又可以和男生打成一片。

可是，萌萌的妈妈却认为女孩就应该有女孩的样子，她强迫萌萌要像一个淑女一样，安安静静，留长发，而且不准和班上的男同学一起踢足球。

行不动裙，笑不露齿，学习绘画……在妈妈的严格要求下，萌萌开始有了女孩子的样子，可是这样的她却过得很不开心，渐渐变得不爱说话，爱发呆，学习成绩也直线下降。

不得不说，萌萌妈妈的愿望算是达成了，可是教育却是失败的。

从孩子出生起，就逐渐表现出自己的特质和优势，任何一个孩子都是不同于其他孩子的特别存在，有不同的个性、不同的想法和不同的思维、行事模式。

作为父母，我们的教育也要因人制宜，因材施教。也就是说，我们不能向孩子提出完全统一的要求，而要从每一个孩子的实际出发，承认并考虑不同孩子的个别差异，以不同的途径、措施和方法进行有的放矢的教育。根据孩子的特质给孩子提供不同的机会和环境，帮助孩子发挥所长。

一位儿童教育学家曾这样说："每个孩子都是一粒独特的种子。"

对于养育孩子的父母来说，最重要的一点就是，要认识到每个孩子都是一粒独特的种子。从一粒种子成长为大树，这个过程中不仅仅是浇水施肥，还应该是因材施教地浇水施肥。只有用对了肥料，种子的成长才会更加茁壮，才能长成富有特色的一棵树，而不是一片森林中没有一点特色的树。

林琳是两个小男孩的妈妈，老大和老二长得很像，但性格却大不一样。

老大贝贝相对来说喜欢追求完美，这也跟林琳的教育有关，因为林琳把贝贝照顾得太精细了，而且一开始就对他给予了厚望。这就导致贝贝对自己的要

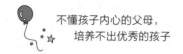
求很高，做事小心翼翼、一丝不苟，总是追求完美。比如，他写作业时要求纸张特别干净，不能出现错别字，不能有褶皱，如果有一点不满意，就会重新写整篇作业；跑步没得第一不高兴；考试如果得99分也要大哭一场……

而老二乐乐的性格完全不同，可能因为家里所有人都照顾他、让着他，他每一天都过得很开心。要完成一件事时，他会想很多办法，一一尝试，错了就换一种方式，而且从不害怕失败。如果凭自己的力量搞不定，他会请求身边的人去帮忙搞定，而且对于结果如何，他似乎并不太关心。

对此，林琳经常鼓励劝导贝贝要学会接受失败，告诉他不是所有的事情都要做到十全十美，让他减少对自己的压力和要求，但不是说基本的要求不要了，而是让他学会给自己减压。对于乐乐，林琳则会强调要学会承担责任。为此，她经常将一些简单的家务事交给乐乐，让他承担完成任务的压力。

朋友们见到这种情况有些疑惑，便向林琳请教，林琳回答说："贝贝平日做事小心谨慎，所以我要鼓励他；乐乐好勇过人，所以我要约束他。"

对待自己的两个孩子，林琳采用了完全不同的策略。很明显，林琳了解自己孩子的个性，并善于区别教育，这就是因材施教。试想一下，如果父母能够看到自己孩子的与众不同之处，并且慢慢地发掘孩子的优势和长处，帮助和引导孩子将这些优点放大，孩子怎么能不变得越来越优秀呢？

每一个孩子都有自己的特性，而教育的目标就是尊重孩子本来的样子，包容他们各自的个性，因材施教，让孩子的个性、能力等得到充分发展。如此，才能使孩子的自信心增强，潜能发挥到最大，进而获得成功和快乐。

切记，每个孩子都拥有无限可能，我们只有尽可能少的限制他们，给他们足够大的生命框架，他们才能尽情地探索和成长，走上属于自己的成才之路。